嫩江尼尔基水利枢纽
建设与管理实践

松辽流域水资源保护局松辽流域水环境监测中心　著

黄河水利出版社
·郑州·

图书在版编目(CIP)数据

嫩江尼尔基水利枢纽建设与管理实践/松辽流域水资源
保护局松辽流域水环境监测中心著.—郑州:黄河水利出版
社,2018.8
ISBN 978 - 7 - 5509 - 2108 - 5

Ⅰ.①嫩…　Ⅱ.①松…　Ⅲ.①嫩江 - 水利枢纽 - 工程
施工 ②嫩江 - 水利枢纽 - 水利工程管理　Ⅳ.①TV632.3

中国版本图书馆 CIP 数据核字(2018)第 200118 号

组稿编辑:陶金志　　电话:0371-66025273　　E-mail:838739632@ qq. com

出　版　社:黄河水利出版社　　　　　　　　　　　　网址:www. yrcp. com
　　　　地址:河南省郑州市顺河路黄委会综合楼14层　　邮政编码:450003
发行单位:黄河水利出版社
　　　　发行部电话:0371 - 66026940、66020550、66028024、66022620(传真)
　　　　E-mail:hhslcbs@ 126. com
承印单位:河南新华印刷集团有限公司
开本:787 mm ×1 092 mm　1/16
印张:12
字数:210 千字　　　　　　　　　　　　　　印数:1—1 000
版次:2018 年 8 月第 1 版　　　　　　　　　　印次:2018 年 8 月第 1 次印刷

定价:48.00 元

《嫩江尼尔基水利枢纽建设与管理实践》
编写委员会

主　任：张长占

副主任：刘　伟　张　蕾　高　峰

委　员：冯吉平　钱　宁　张继民　彭　俊
　　　　刘　巍

一座不朽的丰碑

——纪念改革开放 40 周年

（代序）

2018 年,是我们国家实施改革开放 40 周年。40 年弹指一挥间,但它却是 5 000 年华夏文明最辉煌的一段历史。40 年,在我们的记忆里,不仅仅是排列整齐的数字,更是一座座不朽的丰碑。

我们今天所要提到的是,在这 40 年的辉煌历史中,在美丽富饶的千里大江上,矗立的一座不朽丰碑——嫩江尼尔基水利枢纽工程。

嫩江是中国七大江河之一松花江的最大支流。她发源于大兴安岭的伊勒呼里山,在大、小兴安岭之间穿梭,千里直下,气势磅礴。她是一条由北而南流向的"倒江",支流众多,且多集中于右岸。嫩江流域属于寒温带半湿润大陆性气候。这种独特的地理环境及气候,决定了她不仅是一条美丽、富饶之江,又是一条多灾多难、桀骜不驯之江。

尼尔基水利枢纽是国家"十五"期间重点工程、国务院西部大开发战略项目之一。该工程是以防洪、城镇生活和工农业供水为主,结合发电,兼顾改善下游航运和水环境,并为松辽流域水资源的优化配置创造条件的大型控制性工程。从 20 世纪 50 年代起,特别是'98 特大洪水之后,在党中央、国务院的亲切关怀下,在水利部、黑龙江省、内蒙古自治区政府的领导下,在几代水利工作者的辛勤努力下,尼尔基水利枢纽于 2000 年 11 月批准立项。嫩江,这匹没有被驯服的野马,终于被套上了缰绳;饱受洪水肆虐和缺水困扰的嫩江两岸人民,终于可以跃上骏马奔向更加美好的小康社会了!

"科学管理创精品,团结治水铸丰碑。"尼尔基水利枢纽工程自 2001 年 6 月开工以来,广大工程建设者大力发扬"献身、负责、求实"的水利精神,团结一致,顽强拼搏,克服了东北地区施工期短、交通不便、施工场地狭窄、交叉作业多、资金拨付不及时、"非典"疫情、2003 年春季洪水等影响,成功实现了大江一期截流、二期截流、下闸蓄水、首台机组发电、主体工程全部完工等节点目标。

"山清水秀草原美,人间瑶池富北国。"建成后的尼尔基水利枢纽工程气势恢宏,巍巍壮观。近500平方千米的水面,宽阔无垠,烟波浩渺。壮丽的拦江大坝和壮观的跨江大桥,在蔚蓝的天空和洁白的云朵映衬下风光旖旎,令人叹为观止。特别是,在嫩江尼尔基水利水电有限责任公司广大干部职工的精心管理和科学调度下,发挥了巨大社会效益——虽然嫩江流域连续三年来水量偏少,特别是2007年创历史最低,但是大庆油田能够稳产高产,扎龙湿地能够生机盎然,松花江上的船只能够川流不息,大旱之年农业粮食能够连年丰收……这一切一切,无不体现出尼尔基水利枢纽工程所具有的巨大社会效益。

每当想到嫩江流域的人民群众不再受洪水威胁,每当想到嫩江流域的工农业生产和城镇居民饮水不再发生危机,每当人们站在嫩江岸边远眺巍然屹立的尼尔基大坝而发出啧啧赞叹的时候,我们这些尼尔基水利枢纽工程建设的亲历者,又怎能不感到无比的骄傲和自豪!其间,我们尽管充满了几多工作的繁忙、生活的不适、长期与家人分离等艰难困苦,个人做出了许许多多牺牲,但我们的思想意志得到了磨炼,工作能力得到了提高,一座无言的丰碑就矗立在松辽大地上,一种荣誉感、幸福感便油然而生!

40年,弹指一挥间——过去的成绩只能说明过去,下一个40年更需要我们携手创造美好未来!尽管目前尼尔基水利枢纽运行管理存在这样或那样的困难,但是我们相信:在水利部、松辽委的亲切关怀下,在当地各级政府的大力帮助下,采取改变融资结构、加快管理体制改革、提高综合经济效益等有效措施,一定会克服资金缺口、还贷压力大等困难,使尼尔基水利枢纽工程走上良性发展轨道!

"山重水复疑无路,柳暗花明又一村。"让我们上下一心、不畏艰难、顽强拼搏、开拓进取,去创造一个又一个更大的成绩,建设一座又一座历史丰碑,书写更加灿烂辉煌的篇章吧!

2018年4月

目　录

东北银飘带嫩江

　　我国版图犹如一只啼鸣的雄鸡,巍峨的大小兴安岭山脉,恰似那高昂的鸡冠,就从这里,蜿蜒走出一条千里大江——嫩江。它像银色的飘带在东北大地上翩翩起舞。

　　嫩江,历史上有过纳水、鸭子河、嫩泥等多个名称,到清代初期才使用嫩江这个名字。嫩江发源于大兴安岭伊勒呼里山中段南侧,正源名南瓮河(又称南北河),河源海拔1 030米,其源头属融雪、涌泉网壮溪流。自河源由西北流向东南127.2千米处,与二根河汇合向南流,始称嫩江干流。至吉林省松原市三岔河附近与发源于长白山天池的第二松花江汇流。从源头到三岔河口,全长1 370千米,干流长975千米,流域面积282 748平方千米。

　　嫩江,依其地形、地貌和河谷特征,分为上游、中游、下游三段。自嫩江源头到嫩江县城为上游段,江道长661千米。源头区为著名的大兴安岭山地林区,森林密布,沼泽众多,河谷狭窄,河流坡降大,水流湍急,水面宽100～200米,河道比降14.2‰,河流为卵石及沙砾组成。源头区以下,河道逐渐展宽,河道比降3.1‰～3.6‰,相继有支流汇入,水量增大,河谷宽度可达5～10千米。上游江段城镇和居民点很少,只有嫩江县城是唯一的重要城市,人们概括为“北负群山,南临沃野,江河襟带,上下要枢”。由嫩江县城到莫力达瓦达斡尔族自治旗的尼尔基(前称布西)镇为中游段,是山地到平原的过渡地带,河道长122千米。两岸多低山丘陵,地势较上游段平坦,两岸不对称,特别是左岸,河谷很宽。中游段支流较少,除右岸有较大支流甘河汇入干流外,其余均为一些小支流或小山溪。从尼尔基镇到三岔河口为下游段,江道长587千米。此江段进入广阔的松嫩平原地带,江道蜿蜒曲折,沙滩、沙洲、江叉多,江道多呈网状,两岸滩地延展很宽,最宽处可达10余千米,最大水深7.4米,滩地上广泛分布着泡沼、湿地和牛轭湖。齐齐哈尔市以上江道平均坡降0.2‰～0.1‰,主槽水面宽300～400米,水深3～4米。下游江段河网密度较大,右岸有诺敏河、雅鲁河、绰尔河、洮儿河等大支流汇入嫩江,左岸广大地区基本属于内陆闭流区,有大片沼泽、连环湖和湿洼地。从源头到三岔河口落差900米。

嫩江支流众多,且多集中于右岸,流域面积大于 1 万平方千米的 8 条支流中有 6 条在右岸,左右岸支流均发源于大小兴安岭各支脉,且是顺着大小兴安岭坡面形成的,东北至西南向,或是西北至东南向汇入干流。历史上嫩江发生过多次大洪水,多数是由发源于大兴安岭山脉东坡的右岸各支流来水所致。由于地形条件,夏秋季一旦有大雨天气,常形成暴雨中心。同时,由于各大支流的中上游多为易于产流的山丘区,产流量大,在历次暴雨或连续降雨中,各大支流的水量相继注入干流,形成干流的大洪水。惊心动魄的 1998 年嫩江超百年一遇的特大洪水就是这样形成的。

嫩江在年内和年际及地区上的气象水文要素变化较大。最大年降水量为937.4 毫米,最小年降水量为 152.5 毫米。年降水量主要集中在 6 ~ 9 月,约占全年降水量的 82% ,其中,7、8 两个月所占比重最大。

嫩江河口处多年平均流量为 225 亿立方米。年内及年际的径流分配不均。6 ~ 9 月最大,但这几个月的最大与最小平均流量相差 50 ~ 80 倍,年平均径流量最大与最小一般相差 4 ~ 10 倍,大者相差 30 ~ 60 倍。

嫩江流域属寒温带半湿润大陆性气候,冬季长而寒冷,夏季短而多雨,年平均气温 2 ~ 4 摄氏度,历年最低气温 -39.5 摄氏度,最高气温达 40.1 摄氏度。冬季嫩江冰封期达 150 天左右,冰厚 1 米左右。

嫩江流经黑龙江省、吉林省和内蒙古自治区,流经加格达奇区、齐齐哈尔市、大安市、鄂伦春自治旗、莫力达瓦达翰尔族自治旗等,左岸均在黑龙江省,右岸大部分为内蒙古自治区范围,仅有洮儿河下游和嫩江干流下游右岸为吉林省范围。嫩江流域是多民族聚居的地方,居民除汉族外,有蒙古、满、朝鲜、鄂伦春、鄂温克、达翰尔等 30 多个少数民族。

嫩江流域初期开发是在清初。清政府在墨尔根(今嫩江县)和卜奎(今齐齐哈尔市)等地建造城池,屯兵防守。为联络各兵防重地,加强水陆联系,设若干驿站,进行屯田。据记载,此地生产糜子、小麦、荞麦、苏子等,草甸"羊草畅茂,马食辄肥"。嫩江流域大规模开发建设还是在新中国成立之后。

齐齐哈尔市是嫩江流域最大的城市,是新中国成立后最早建设起来的以重工业为主体的工业基地之一。齐齐哈尔钢厂、富拉尔基重型机械厂就坐落在这里。它的特点是一市多镇,7 个城区分布在齐齐哈尔中心城区、富拉尔基、昂昂溪、华安、梅里斯 5 个地方。全市共有大中小工业企业上千个。嫩江从城区穿过,境内河长 146 千米,年径流量 189.32 亿立方米,既美化了市容,又为城区提供了丰富的水资源。嫩江流域交通运输以齐齐哈尔为中心,形成了铁路、公路、内河和民航互相连接、沟通流域内外、四通八达的交通运输网。

　　流域内工业门类比较齐全,农牧业也很发达,松嫩平原一直是国家的商品粮食基地,内有许多国有农场,流域西部的草原区是牧业基地。流域内矿产资源丰富,森林资源全国闻名,著名的大、小兴安岭林区曾为国家建设提供了大量木材。

　　嫩江流域兴水利,除水害,现已建成大型水库 5 座,总库容 31.5 亿立方米,兴利库容 18.78 亿立方米,中、小型蓄水工程分别为 28 座和 174 座,总库容分别为 9.28 亿立方米、2.10 亿立方米,兴利库容分别为 4.94 亿立方米、0.86 亿立方米。嫩江干流莫力达瓦达斡尔族自治旗境内,即将立项建设大型控制性工程——尼尔基水库。该水库可控制流域面积 6.6 万平方千米,设计总库容 86.11 亿立方米,兴利库容 59.68 亿立方米,防洪库容 23.68 亿立方米。若把嫩江上游的文得根、毕拉河口等水库建成,通过科学调度,群库错峰削峰后,对照 1998 年大洪水,哈尔滨也就只剩 7 000 ~ 8 000 立方米每秒的流量,防洪效益十分显著。

　　为解决大庆油田用水和松嫩平原的农业灌溉用水以及人民生活用水问题,发展养鱼、育苇,改善草原等,从 20 世纪 70 年代初开始,投资建设了北部、中部和南部三个引嫩工程,统称"三引"。"北引"从嫩江干流讷河市拉哈镇渡口到松嫩平原腹地,工程控制面积 3 750 万亩(1 亩 = 1/15 公顷),其中,耕地 1 260 万亩。草原 1 600 万亩,引水干渠长 45 千米,引水流量 100 立方米每秒。"南引"位于嫩江左岸,松嫩平原的西南部,控制面积 3 600 平方千米,其中,耕地 132 万亩,草原 186 万亩,泡沼 245 万亩。"中引"位于松嫩平原乌裕尔河、双阳河的尾部闭流区。工程控制面积 7 500 平方千米,南北长 150 千米,东西宽 50 千米。"三引"工程对于控制区内生态改善、渔业发展、粮食丰产起到了巨大作用。

　　20 世纪 50 年代以来,嫩江流域伴随着工农业生产的发展和人民生活水平的不断提高,水环境问题日渐突出。尤其是以机械、冶金、化工、纺织、制革、制糖、造纸为代表的重污染行业星罗棋布,每年向嫩江排入大量未经处理的工业废水,使水质日益恶化。1984 年,国家成立了由流域内各市(盟)、县(市、旗)人民政府主要领导组成的嫩江污染防治领导小组,下设办公室。组织流域内各级人民政府及有关部门制定水污染防治规划,因地制宜地采取得力措施,有效地控制并减缓了污染发展的势头,部分江段水质已有所好转。可以相信,有流域内各级人民政府的领导,有各族人民的共同保护,闻名遐迩的嫩江一定会以清澈秀美的姿态,展现在东北大地,造福于两岸人民。

(本文写于 2000 年 2 月)

对"北水南调"工程规划的几点探讨

一、概述

"北水南调"工程是松辽流域水资源优化配置的重大工程项目。早在清康熙年间就曾提出设想。新中国成立后,从1955年开始规划研究"北水南调"工程。特别是1984年国家要求把松花江、辽河两流域作为一个整体来研究水资源综合利用,以解决两流域,特别是辽河流域严重缺水问题。松辽委协同四省(自治区)做了大量工作,于1992年形成正式《松辽流域北水南调工程规划报告》,1994年作为《松辽流域水资源综合开发利用规划报告》的重要组成部分被国家审查通过。

近年来,松辽流域的经济和社会发展速度十分迅速,水资源自然状况发生了很大的变化,迫切需要重新修订原有的综合开发利用规划,尤其是具有专项功能的大型调水工程规划。虽然根据国务院要求,我们已经制定了松辽流域水利发展"十五"规划,但从长远发展角度考虑,进一步制定出一个具有针对性、可操作性的专项规划,具有十分重要的意义。

根据当前和今后松辽流域水资源发展状况,实施"北水南调"工程,必须充分体现现代水利和可持续发展水利的治水思想,坚持兴利除害结合,开源节流并重,防洪抗旱并举,下大力气解决洪涝灾害、水资源不足和水污染问题,正确处理好实施"北水南调"工程同节水、治理水污染和保护生态环境的关系,务必做到先节水后调水、先治污后通水、先环保后用水。因此,对原《松辽流域北水南调工程建设规划》必须进行必要的修改和补充。本文将从水量、水质、生态环境、市场机制等方面做一些探讨,仅供参考。

二、几个问题的成因分析及修改建议

(一)水量问题

原《松辽流域北水南调工程建设规划》中有关水量计算,是建立在1980年为现状实际年基础上的。而当时的经济和社会状况到今天已经发生了很大的变化。特别是对国民经济一些指标的预测分析,已经与实际发生年的情况矛盾很大,并将随着经济和社会的发展问题会更加突出。比如,原规划预测2000年松辽流域总人口将达到9 778.99万,其中辽河流域人口为3 544.22万,松花江流域人口为6 234.77万;而实际上松辽流域总人口为8 739.26万,其中辽河流域人口为3 352.66万,松花江流域人口为5 386.60万。特别是城镇人口的预测与实际出入较大,预测人口将达到4 067.94万,而实际上截至1998年已经达到5 450.54万,到2000年已超过6 000万。再如,原规划预测2000年松辽流域农业有效灌溉面积将达到5 595.55万亩,其中辽河流域为1 696.25万亩,松花江流域为3 899.30万亩;而实际灌溉面积到1998年松辽流域为6 614.40万亩,其中辽河流域达到2 324.25万亩,松花江流域达到3 587.73万亩。辽河流域缺水,但实际灌溉面积却有了大幅度增加。又如,预测工业总产值松辽流域将达到2 933.35亿元,其中辽河流域将达到1 591.83亿元,松花江流域将达到1 341.52亿元;而实际到1998年松辽流域工业总产值就已经达到8 191.61亿元,其中辽河流域为4 304.59亿元,松花江流域为3 885.02亿元,等等。诸如此类的问题,说明原规划已经不能用于指导该工程建设的需要。

随着近年来改革开放的深入和国民经济发展的变化,两大流域的需水量也有很大变化。原规划预测两大流域2000年的总需水量为538.75亿立方米,其中辽河为183.69亿立方米,松花江为355.06亿立方米。而实际到1998年两大流域的总需水量为664.00亿立方米,其中辽河为206.67亿立方米,松花江为374.00亿立方米。两大流域的用水量都较大幅度地超过了预测指标,尤其辽河流域的用水增长幅度要比松花江流域的用水增长幅度大。另外,从地下水的可开采量上来看,松花江流域为116.80亿立方米,辽河流域为75.40亿立方米,与两个流域面积及工农业情况相比较,松花江流域并不比辽河流域优越。此外,随着城镇人口大幅度增长,城镇居民的饮用水问题也十分突出。特别是在1998年嫩江、松花江发生大洪水后,又连续出现严重旱灾,使两大流域的水资源供需矛盾更加突出,已经成为严重制约国民经济和社会发展的瓶颈。

所以,"北水南调"工程是必要的,能够在两个流域间进行水量调配,对整个松辽流域的经济社会发展会起到巨大作用。但在新的水资源状况下,原规划的用水预测是不够科学的,必须进行必要的修正,对水量分配必须进行重新测算分析、规划设计。在水量分配上,总的原则是应该按照两个流域的经济和社会发展情况统筹控制水量。当前和今后的总发展形势是:辽河流域缺水,松花江流域也缺水;辽河流域缺水非常严重,松花江流域的缺水形势也不容乐观。所以,这既增加了调水工程的难度,但同时突出了调水的必要性,关键是要在调水方案上做文章。笔者认为,从可持续发展角度看,"北水南调"工程必须实施,但是在水量调配的规划方案上应该建立一种动态水量控制机制:一是要变定量为变量,按照丰水年和枯水年的不同水量,确定调水水量;二是要适应市场经济需要,用价格手段控制调水水量;三是在考虑工农业和人畜饮用水的同时,还要考虑生态环境和水污染治理需水量问题。只有这样,才能在兼顾并非乐观的松花江流域水资源状况的同时,尽可能地解决好辽河流域的水资源极度短缺问题。

(二)水质问题

原规划对调水的水质问题没有做出专门的规划论证,这在 21 世纪是不符合我国治水方针的,必须进行必要的补充。

在当前和今后,水污染不仅直接危害人民的生活和身体健康,影响工农业生产,而且加剧水资源短缺,使有限的水资源不能充分利用。所以,在开展"北水南调"的规划和实施过程中,必须加强对水污染的治理,如果不治理水污染,那么调水越多污染越重,"北水南调"就不可能成功。治污,不仅要改善嫩江的水质,也要搞好沿途的水污染治理,既要注意"北水南调"本身的水质,也要搞好第二松花江的水污染防治,必须统一考虑协调治理,先治理再调水。

据流域内选择的 179 个河段控制断面和 45 个湖库的监测结果,53.6% 的河段、35.6% 的湖库水体为Ⅴ类或劣Ⅴ类水体,直接以江水作为饮水水源地的水源水质基本不能满足饮用水要求,沿江城市下断面基本为Ⅴ类或劣Ⅴ类水体。松辽流域超Ⅳ类水质为 60% 以上,Ⅲ类以上水质达到 87%;辽河水污染十分严重,是国家"三河三湖"重点治理河湖之一,特别是东辽河和辽河中下游的水质令人担忧,优于Ⅲ类水质的河段仅占 10% 左右;松花江干流的水质也相当严重,优于Ⅲ类水质的河段仅占 28% 左右;嫩江和第二松花江的水质比较好,优于Ⅲ类水质的河段在 50% 以上。所以,当第二松花江的水量比较充沛,可以满足松花江干流改善水质要求的情况下,是可以将嫩江的一部分水调到辽河,以改善辽河水质的。但是,如果第二松花江的水质和水量不能满足松花江干流改善水质的要求,松花江干流的水质就需要嫩江的水来改善,也就难以满足改善辽河水质的需要了。所以,研究"北水南调"的水质问题,必须统筹考虑干支流、上下游的水质平衡作用。

(三)生态环境问题

在规划和实施"北水南调"工程中,应该高度重视对生态环境的保护。生态平衡一旦遭到破坏,就会造成难以挽回的经济损失和社会影响。特别是对于调出水的松花江干流地区,必须充分注意调水对其生态环境的影响。

实施"北水南调"工程,对辽河流域的生态环境改善将起到巨大作用。特别是对于"北水南调"干线、东支线,即吉林省的西部干旱地区的植被恢复、防风固沙将起到重大作用。但是原规划对未来水土流失问题的预测却是简单、不具体的,没有预测到新世纪松花江流域水土流失日益严重恶化的状况。据1986年遥感资料统计,松辽流域水土流失面积43.53万平方千米,占国土面积的34.96%,其中松花江流域16.03万平方千米,辽河流域12.13万平方千米,其他流域15.37万平方千米,严重的水土流失导致土地贫瘠,河湖水库淤积,生态环境恶化,加剧了洪涝干旱和风沙灾害。据调查,"世界三大黑土地"之一的"北大仓"已有侵蚀耕地75万亩。流失的大量泥沙使江河含沙量逐年增加,河道、水库被淤积,抬高了河床,降低了水库蓄洪能力。仅黑龙江二龙山水库就淤积泥沙1 000多万立方米,致使电站无法正常运行。松花江滨洲铁路大桥附近已淤积出3 400米长的沙滩,大桥原来八孔通航,现在仅剩两孔。松花江的通航距离也由1 500千米缩短到580千米。所以,考虑从嫩江调水改善吉林西部、辽河中下游地区的生态环境,必须兼顾好松花江干流地区的生态影响问题;否则,很可能造成新的生态环境的破坏。

生态环境建设是一项系统工程,而水利必须为生态保护做出贡献。对于"北水南调"工程建设的生态环境分析,必须在考虑嫩江上游自然自我修复的同时,规划好两大流域的中下游的人工生态建设。

(四)水权水价问题

"北水南调"工程不仅具有社会效益,而且具有经济效益。按照水权水市场理论,天然水经过工程措施以后,才能被利用,才能实现人们的某种需求。工程的投入有两种:一种工程投入是无偿的,或者讲100%是资本金。另一种是有一定效益的工程,如供水工程,有一定效益,可以收水费,就需要,或者可能,或者应该向银行贷款。"北水南调"工程是属于第二种情况,一方面需要国家投入,另一方面要多方筹集资金;工程建成后,在运行过程中,还要发生材料费、折旧费、大修费、管理费、人员工资、税收等费用,这些都是运行成本。随着市场经济的发展,对于供水工程在向着私有化的方向必将加快进程,私有化就要有私人资本金注入,投入就必须有产出,就有一个资产的收益问题,就是资本金的回报率问题。另外,研究"北水南调"工程的可行性时,研究该工程的经济可行性问题是其中一个重要因素。从将来的"北水南调"工程的投资控制理论分析,同样存在三个经济财务方面的问题:一是偿还银行贷款和支付利息;二是运营成本、利润和纳税;三是投资者的收益,即资本金回报率。这三个问题在研究"北水南调"工程的产权时都是必须考虑的。

按照我国的《水法》,水的所有权属于国家。我们研究的重点是水的使用权问题。从水权和水市场的理论出发,"北水南调"工程应该是谁投资谁经营谁收益,也就是谁投资谁就有使用权、经营权和受益权。从"北水南调"工程受益区域上看,辽宁是需水地区,是直接受益者;黑龙江、内蒙古是供水地区,是间接受益者;吉林既是需水地区又是供水地区,既是直接受益者,又是间接受益者。从"北水南调"工程受益方面上看,有城镇居民生活用水、农业用水、经济用水和生态用水。从"北水南调"工程的水权分配原则中的优先权上来看,保证人的基本生活用水是第一位的,在某一流域的居民出现饮用水危机时,就应该优先保证该地区的基本生活用水;其次要优先考虑水源地的用水问题,我们必须充分考虑到调出水的嫩江中下游地区和松花江干流地区的利益,等等。所以,"北水南调"工程的投资应该是多方的。鉴于法律和市场经济规律,"北水南调"工程必须是一个由国家控股多家参股的股份有限责任公司来进行经营管理的市场经营机制。

按照水的使用权应该是有偿的理论,"北水南调"工程调出的水必须是有价的,通过水价来实现水资源优化配置。"北水南调"工程调出的水,不能仅仅认为我修了工程,要维护这个工程,就需要收钱,更重要的是利用水价这个经济杠杆来控制水量分配和达到节约用水的目的,甚至用水价来控制调水沿途地区的生活用水、农业用水、工业用水、生态用水的配置。"北水南调"工程的水价也应该包括三个部分:资源水价、工程水价和环境水价。第一部分是水资源费(或叫水权费),实际上可以命名为资源水价;第二部分是生产成本和产权收益,就是工程水价;第三部分是水污染处理费,用水以后必排出脏水,脏水又必须处理,这叫环境水价。资源水价卖的是使用水的权利,工程水价卖的是一定量和质的水体,环境水价卖的是环境容量。将来"北水南调"工程的这三部分水价,有的可以用税的办法,有的可以用费的办法,有的可以用附加的办法解决,并且应该是动态渐进和相对稳定的。

"北水南调"工程的水是可以进行交易和转让的。比如尼尔基水利枢纽工程建成后,是三家控股公司经营,尼尔基水利枢纽工程的水是可以进行交易的。吉林或辽宁等地区也是可以通过市场来购买水权的,这就是所谓的水权的转让,这种转让也可以是有偿的。这种水权的转让和出售,会使"北水南调"工程的水从低效益的经济领域转向高效益的经济领域,以提高水的利用效率。

"北水南调"工程的水不是一般的商品水,不能完全由市场调节手段来控制,必须把承担社会效益的部分与承担经济效益的部分分别开来,可以进入市场的部分,如供水部分才能进入市场,而对于带有公益性质的部分必须采取政府宏观调控、民主协商、水市场调节三者结合来实现水资源的有效管理。在管理方式上必须在实现流域管理与区域管理相结合的同时,突出流域管理。

(五)工程实施的时间问题

根据《松辽流域水利发展"十五"规划和2015年发展远景目标》与已经建成和正在开工的工程情况,应该重新确定"北水南调"的工程建设安排。"北水南调"工程建设时间安排总的原则是有重点有计划地分步进行,具体顺序应该是:首先要搞好"龙头工程"建设,即尼尔基水利枢纽工程建设,确保"十五"期间完工,这样既有助于解决当务之急的嫩江防洪问题,又为"北水南调"工程打下了基础;其次要加快"龙尾工程"建设,即石佛寺水利枢纽工程建设,这同样既为辽河中下游防洪提高了标准,又为"北水南调"工程打下了基础,所以要加快已经开工的一期工程建设进度,并争取二期工程在"十五"后期开工;再次要积极做好哈达山水利枢纽工程的立项准备工作,争取"十五"后期开工;最后是在条件许可时适时做好水渠干线、东支线工程的立项的准备工作(截至本文印发之时,尼尔基水利枢纽已经建成并投入运行,发挥了显著的社会效益;哈达山水利枢纽一期工程也已于2008年6月开工建设,计划2010年年底完工)。

"北水南调"工程的规划和实施是解决松辽流域水资源可持续利用的必然趋势,也是松辽流域水利工程建设核心工程,尤其是松花江和辽河上建设的水利工程,必须以"北水南调"工程为主线,围绕这条主线来规划和实施工程建设。"北水南调"工程浩大,涉及面广,任务艰巨,所以我们一定要做好"北水南调"工程的总体规划,全面安排,有先有后,分步实施。特别是在资金和其他一些条件还不成熟的情况下,要认真搞好配套工程的规划和建设。

三、结语

本文仅仅是对"北水南调"工程规划的少数几个问题作一点粗浅的探讨,更多、更深层的问题必须有待于下一步投入必要的人力、财力,有计划、有组织地开展深入细致的工作。因此,笔者认为应该把"北水南调"工程规划作为松辽流域整体的一项科研课题,进行专题研究。特别是要做好水市场机制的研究,用"水权"的理论来建设和经营管理"北水南调"工程。

(本文写于2001年2月)

实行科学管理　建设一流工程

在巍连起伏的大、小兴安岭之间,蜿蜒走出一条千里大江——嫩江。它像一条银色的飘带,在东北大地上翩翩起舞。嫩江沿岸是我国蒙古、满、朝鲜、鄂伦春、鄂温克、达翰尔等少数民族的聚居地,是国家重要的商品粮基地和工农业重地,具有丰富的自然资源。

这条千里大江,由于干流上没有一座控制、调节性工程,每到洪水来临,特别是遇到超标准洪水,就如同一匹脱缰的野马,吞噬粮田,毁坏家园,给两岸人民的生产和生活带来严重洪涝灾害。同时,松嫩平原、辽河中下游等大部分地区,十年九旱,严重地制约了经济的健康发展。

'98特大洪水之后,在党中央、国务院的亲切关怀下,在水利部、黑龙江省政府、内蒙古自治区政府的领导下,在几代水利工作者的辛勤努力下,尼尔基水利枢纽被确定为国家"十五"期间重点项目,西部大开发标志性工程之一,并于2000年11月批准立项。

科学管理创精品,团结治水铸丰碑。这是写在尼尔基水利枢纽施工现场最显眼处的一幅标语,也是工程建设单位与所有参建单位的努力方向。尼尔基水利枢纽工程自2001年6月开工以来,广大工程建设者大力发扬"献身、负责、求实"的水利精神,团结一心,众志成城,保质保量完成了大江一期截流、二期截流、下闸蓄水、首台机组发电和主体工程全面完工等节点目标。

一、工程概况

尼尔基水利枢纽位于嫩江干流上段,左岸为黑龙江省讷河市,右岸为内蒙古自治区莫力达瓦达翰尔族自治旗,控制流域面积6.64万平方千米,占嫩江流域总面积的22.4%,多年平均径流量为104.7亿立方米,占嫩江流域的45.7%。

尼尔基水利枢纽是一座以防洪、城镇生活和工农业供水为主,结合发电,兼有改善下游航运和水环境,并为松辽流域水资源的优化配置创造条件的大型控制性工程。水库正常蓄水位为216.00米,死水位为195.00米,防洪限制水位为 213.37 米,防洪高水位为 218.15 米,设计洪水位为 218.15 米,校核洪水位为 219.90 米。水库总库容为 86.11 亿立方米,其中防洪库容 23.68 亿立方米,兴利库容 59.68 亿立方米。工程建成后,可使齐齐哈尔市防洪标准由 50 年一遇提高到 100 年一遇,枢纽至齐齐哈尔河段的防洪标准由 20 年一遇提高到 50 年一遇,齐齐哈尔以下到大赉段的防洪标准由 35 年一遇提高到 50 年一遇。水电站为河床式电站,装有四台水轮发电机组,总装机容量为 25 万千瓦,多年平均发电量 6.387 亿千瓦时,可增加东北电网调峰容量,缓解电网调峰容量紧缺和水火电比例严重失调问题。

尼尔基水利枢纽主要由主坝、副坝、溢洪道、水电站厂房及灌溉输水洞(管)等建筑物组成。工程等别为Ⅰ等工程,主要建筑为 1 级建筑物,地震设防烈度为Ⅶ度。大坝总长 7 265.55 米,最大坝高 40.55 米。其中,主坝为沥青混凝土心墙土石坝,坝长 1 658.31 米,左、右岸副坝为黏土心墙土石坝。泄洪建筑物为岸坡式溢洪道,设 11 个泄流孔,单孔宽 12 米,堰顶高程 199.80 米,最大下泄流量为 20 300 秒立方米。

水库淹没范围涉及黑龙江省讷河市、嫩江县及内蒙古自治区莫旗的 8 个乡镇 66 个行政村,另外淹没 2 个林场和 3 个农场的一小部分。淹没面积 498.33 平方千米、耕地 42.2 万亩、房屋 81.23 万平方米,动迁人口 5.59 万。

初设批准的工程总投资为 53.80 亿元。根据国家关于尼尔基水利枢纽资金筹措原则、尼尔基水利枢纽投资分摊情况,确定工程各方出资为:中央财政拨款 31.52 亿元(含资本金 5.19 亿元);地方政府出资 8.89 亿元,其中黑龙江省出资 5 亿元(3.89 亿元为资本金),内蒙古自治区出资 3.89 亿元(全部为资本金);公司向国家建设银行贷款 13.39 亿元,核定资本金 12.97 亿元,投资三方资本金比例为 4:3:3。

从 2004 年开始,根据国家政策调整、设计变更及施工变化,经水利部同意,公司委托设计单位进行了工程调概工作。调概报告已由水利部审定,国家发改委批准。批准后的工程概算总投资 76.59 亿元,其中枢纽工程投资 28.72 亿元,水库淹没处理补偿费 46.81 亿元,水土保持工程投资 0.46 亿元,环境保护工程投资 0.23 亿元,电站送出工程投资 0.37 亿元。出资方案为中央投资 52.87 亿元,黑龙江配套资金 8.53 亿元,内蒙古自治区配套资金 1.80 亿元,银行贷款 13.39 亿元。

工程施工总工期约为 5 年,准备工程于 2001 年 6 月开始进行,同年 11 月 8 日实现了大江一期截流,2004 年 9 月 15 日实现了二期截流,2005 年 9 月 11 日下闸蓄水,2006 年 7 月 16 日首台机组发电,2006 年 9 月 16 日 4 台机组全部投产运行,2006 年底主体工程全部完工。

二、前期工作

从 20 世纪 50 年代起,尼尔基水利枢纽开始了前期规划、勘测、设计工作。多年来,承担东北地区水利规划、管理、建设等任务的水利部松辽水利委员会,为了做到防御水旱灾害、合理利用水资源,促进东北地区国民经济的发展,协调流域内各省区有关部门,对松花江流域、辽河流域和松辽流域水资源综合开发利用进行了系统、全面、科学规划,形成了具有较高质量的松辽流域"水利三大规划"。'98 大洪水之后,按照国务院要求,又制定了松辽流域水利发展"十五"计划及松花江近期防洪建设若干意见等一些专项规划。把松花江、辽河两个流域水资源作为一个整体来研究综合利用,以解决吉林西部、辽宁境内的辽河中下游地区严重缺水问题,这是新中国成立后特别是 20 世纪 80 年代初以来,各级领导为之关心、广大水利工程技术人员为之不懈努力的目标。而两大流域水资源综合利用的龙头工程,就是尼尔基水利枢纽。

松辽委会同两省(自治区)水利部门及有关单位加紧了尼尔基水利枢纽工程的前期工作。先后通过了水利部水规总院对《尼尔基水利枢纽工程项目建议书》《尼尔基水利枢纽可行性研究报告》《尼尔基水利枢纽工程初步设计报告》的审查;通过了中国国际工程咨询公司对《尼尔基水利枢纽工程项目建议书》《尼尔基水利枢纽可行性研究报告》的评估。2000 年 6 月国务院批准项目建议书,2001 年 11 月国务院批准可研报告,2001 年 12 月水利部批准初设报告,2002 年 7 月国务院总理办公会议通过开工报告。

三、管理模式

为了建设和管理好这一甲类国家项目,国务院有关部委从一开始就考虑建立与国际工程接轨、同社会主义市场经济相适应的科学管理机制。在工程筹建和建设期间,实行主管部长、省长、自治区主席联席会议制度,发挥政府职能,协调解决工程筹建和建设中的重大问题。联席会议由水利部召集,松辽委为联席会议办事机构。按照水利工程建设管理体制改革的要求,根据尼尔基水利枢纽在嫩江及松花江流域防洪减灾和水资源开发中的重要作用,以及该工程跨省(自治区)建设的特点,经水利部批准,松辽委和两省(自治区)联合组建嫩江尼尔基水利水电有限责任公司(以下简称公司),作为项目法人,负责该工程建设和建成后的运行管理,并在黑龙江省齐齐哈尔市登记注册。公司设立董事会、监事会、总经理及三总师、中层管理部门。董事会对水利部、黑龙江省、内蒙古自治区政府负责,决定公司的重大事项;监事会对公司国有资产保值增值状况实施监督。公司董事长、副董事长、监事会主席由水利部党组全面管理;董事长由松辽委出任,副董事长分别由两省(自治区)发改委出任;董事长为公司法定代表人。公司总经理、副总经理、三总师、党委班子成员由水利部党组委托松辽委党组管理;总经理负责公司日常生产经营和管理。工程建设期间,公司设立办公室、工程技术处、计划合同处、基建财务处、环境移民处、机电处、物资管理处7个部门;随着工程进入运行管理期,又增设了党委办公室、人事处、安全保卫处、监察处、审计处、水库管理中心等部门(单位)。

工程建设前期及施工期间召开了尼尔基水利枢纽工程筹建领导小组第一次会议;尼尔基水利枢纽工程部长、省长、自治区主席第一次联席会议;尼尔基水利枢纽工程建设领导小组第一次会议;董事会第一届第一至五次、第二届第一至五次会议。审议签订了《水利部、黑龙江省、内蒙古自治区联合建设尼尔基水利枢纽工程协议书》《尼尔基水利枢纽工程资本金出资协议书》等重要文件;审议通过了《尼尔基水利枢纽工程移民安置包干协议》《尼尔基水利枢纽工程分标方案和招标计划》、公司组建方案、公司章程、董事会议事规则、监事会议事规则等重要文件,及各年度工程建设计划、资金计划等。

移民安置实行"两省(自治区)政府负责,县市(旗)政府实施,业主参与管理,水利部行业指导"的管理体制。两省(自治区)政府对移民工作重视,成立了专门机构、抽调了得力干部。县、市(旗)移民机构会同设计单位在实物指标复核和移民安置规划设计中做了大量工作。特别是克服了诸多困难,按计划完成了移民安置、库区清理等任务,为工程顺利下闸蓄水、首台机组发电等目标发挥了重要作用。

四、工程建设

自2001年6月工程开工以来,广大工程建设者大力发扬"献身、负责、求实"的水利精神,团结一致,顽强拼搏,工程建设形象面貌日新月异,得到了视察工程建设各级领导的好评。

主要完成工程量为:土石方开挖609.8万立方米;土石方填筑916.7万立方米;混凝土浇筑104万立方米;沥青混凝土浇筑3.25万立方米;水工金属结构制作安装7 000吨;启闭设备安装19台套;水轮发电机组安装4台套;主变电设备安装2台套。完成主体工程为:主坝、厂房、溢洪道、左右副坝、左右灌溉洞(管)。完成辅助工程为:坝下交通桥、对外公路、电力送出、转运站、炸药库、施工变电站、砂石料开采加工及混凝土拌和系统、一期导流、莫旗和齐齐哈尔市的办公生活基地等。完成移民安置任务为:新建移民安置点 73 个,总计动迁安置移民 15 353 户 57 599 人,累计修建新村道路 283.58 千米、供水管网 392.78 千米、等级公路 283.88 千米、供电线路 961.77 千米。

工程开工以来,公司始终把防汛度汛作为重点,做到了组织、队伍、物资、措施"四到位",防汛、施工"两手抓、两不误",工程连续 5 年安全度汛。

五、工程管理

工程建设"四制"当中,项目法人责任制是核心。作为项目法人,公司在工程建设管理当中担负着基建程序审批、资金筹措与支付、项目招标、施工现场组织、后期运行管理等职能,对工程建设管理起到了不可替代的作用。

(一)在工程进度管理方面

由于水利工程建设是一项系统工程,涉及专业知识面广,科学技术含量高,受外部条件制约因素多,道道工序相接、环环相扣,必须制订出切实可行的生产计划,以保证工程建设顺利进行。而尼尔基水利枢纽地处高寒地区,冬季时间长,夏季雨量相对集中,施工期短,一旦错过有效时机,工期就可能推迟一年。如何在较短的施工期间内,建设管理好尼尔基水利枢纽工程,就需要有超常的工作方式,特殊的工作程序。公司一切从工程实际出发,实事求是,按客观规律办事。特别是主坝防渗墙、厂房混凝土浇筑、坝下交通桥等项目,坚持"一切以现场为主,一切为现场服务",科学制订施工计划,优化资源配置,合理安排工期,明确关键线路。特别强调计划的严肃性,计划一旦确定,不论遇到任何困难都应克服困难想办法完成,否则,不仅影响自己的利益,而且影响整体利益,造成全局不利影响。因此,我们要求各参建单位要发扬团结协作精神,树立大局意识,相互配合,建立"三分三合"机制,即:责任上分,思想上合;合同上分,目标上合;经济利益上分,总体效益上合。在施工管理中,公司召集监理、设计、施工单位每两周召开一次现场生产协调会,督促生产计划落实,协调解决施工生产中的重大问题。生产协调会形成的会议纪要,要求各单位必须认真执行。监理单位实行周生产进度例会制,密切注视和具体落实生产计划执行情况,及时发现问题,及时予以解决,保证周、月生产任务的完成,从而保证了年度生产计划的如期实现。设计单位根据施工计划制订好供图计划,并按照供图计划及时、保质、保量地做好供图,满足了现场施工要求。各施工单位做好周计划,甚至做出每天计划,一天天地算,倒排工期,做到了"以天保周,以周保月,以月保年"。几年来,工程始终做到了"三多一快",遇到问题多沟通、多商量、多谅解、快决策,避免了推诿扯皮现象。研究施工方案和技术问题,大家从不同的角度充分发表意见和建议,相互借鉴、相互启发,但一旦决定的事情,各单位做到了不折不扣完成。各单位的工作都有预见性和前瞻性,做到了"干一看二准备三",用人的能动性来形成工作的主动性。据统计,公司共组织召开生产协调会 70 余次、现场服务会 150 余次、重大技术专题会议 90余次,发文 1 000 余份,处理现场文函 5 000 余份。为了调动广大工程建设者的积极性,公司出台了《尼尔基水利枢纽先进集体、先进个人评选表彰奖励办法》,对成绩显著的单位和个人给予表彰奖励。针对特殊原因、困难给进度造成的影响,公司适时确定"生产活动月",掀起一个生产建设高潮,把耽误的工期抢回来,圆满完成了各年度的生产任务,为最终实现工程建设总目标奠定了坚实基础。积极采用先进施工工艺,为确保工程进度和质量创造了有利条件。如厂房挡水坝段混凝土施工采用滑模工艺施工,既加快施工进度,又保证混凝土没有施工缝和外观质量;溢洪道闸墩采用了预应力锚索技术,既改善了闸墩混凝土应力分布形式,避免了闸墩混凝土出现裂缝,也大大减少了钢筋用量;拔管技术、钢筋接头连接技术、工程建设管理软件系统等新技术和新工艺的应用,为实现精品工程目标提供了强有力的技术保障。

(二)在工程质量管理方面

认真执行国家有关质量管理规定,业主、监理、设计、施工单位都建立了工程质量管理网络,做到领导到位,责任到人,各负其责。主要抓了以下几方面的工作:

一是增强领导的质量意识,解决人的因素中最关键的部分。水利工程是"百年大计,质量第一"。工程质量是工程建设的永恒主题。业主与各参建单位的项目经理签订了《质量终身负责制责任状》。签订质量责任状的目的就是明确质量责任,强化领导的质量意识。温家宝总理曾经指出:必须建立层层负责的质量责任制。项目主管部门、主管地区的领导责任人,法人代表,勘察、设计、施工、供应、监理等单位的责任人,要按照各自的责任对经手的工程质量负终身责任,如果出现质量问题,不管人到哪里,不管担任什么职务,都要追究责任,严肃处理。所以,实行"质量终身负责制"十分重要,以便能够在今后尼尔基工程运行期间一旦出现质量问题,一查到底,追究相关领导人的责任。

二是建立健全质量保证体系,解决好人在质量管理中的基础作用。尼尔基工程建设做到了不论是建设单位,还是监理、设计、施工单位,都成立了专门质量管理机构,配备合格的质检人员,横向到底、纵向到边,领导到位,责任到人,各负其责。建立健全了质量管理制度,并强调人执行制度的能动作用。没有人在执行制度中的能动作用,再好的制度也是一纸空文。

三是发挥好一线监理人员作用,是质量管理的保证。监理人员对现场管理和质量监督是全方位、全过程的,责任重大。水利部近年来对监理单位提出明确要求:严格市场准入管理,严禁监理单位无水利建设监理资格、超越资格等级或业务范围承揽业务,严禁监理人员无证上岗,对监理单位和监理人员实行动态管理,建立降级和清出制度等。目的主要是从人的因素方面来确保工程建设质量。尼尔基工程监理单位是小浪底工程咨询有限公司,其工作目标是在尼尔基打造出名牌监理。把质量管理的重点放在施工现场,实行旁站制度,按作业程序即时跟班到位进行监督检查,能够履行监理工程师职责。特别注意对建设过程中人为可控因素的管理,以过程精品,来保证工程精品,充分发挥了"三控制两管理一协调"作用。

四是强调施工一线人员是质量管理的第一责任人。几年来,尼尔基工程施工单位严格按照合同文件和规程规范进行施工,建立完善的内部"三检"制度,自己先把好第一关。在施工过程中,业主对工程建设中发生的质量问题,坚持"三不放过"的原则,即"问题查不清不放过,问题得不到处理不放过,责任人受不到教育不放过",最大限度地提高施工一线人员的质量意识和责任意识。同时加大了新技术、新材料、新工艺的推广应用,提高工程建设的科技含量。另外,业主借鉴了东深供水工程的成功经验,建立了"现场办公,集体决定,分责办理,按职会审,依法支付"的管理机制。现场办公,就是根据工程需要定期或不定期召集有关各方人员,现场研究工程施工中的一些问题;集体决定,就是在现场办公会议上,与会各方对施工方案讨论决定;分责办理,就是对形成的决定按照各自的职责落实;按职会审,就是由业主有关领导、责任部门审查,提出审查意见,最后依法支付。从实践经验看,妥善处理好现场施工问题,是确保工程质量的重要条件。

按照国家、行业有关质量验收规定,对已经竣工主坝、厂房、溢洪道等单元工程及坝下交通桥、主坝基础防渗墙、一期导流等单项工程进行了质量评定,没有出现任何质量事故,各项单元或分部工程合格率为100%,优良品率为80%以上,为创造优质工程打下了坚实基础。

(三)在资金筹措、使用方面

公司严格执行国家有关财经法规,没有出现截留、挪用、挤占现象。在资金控制方面,公司做到"两保",即保工程结算、保移民投资。在准备工程施工当中,由于工程的可研报告和开工报告批复较晚,国家到位资金相对滞后,给工程施工和移民安置带来了许多困难。公司积极做好贷款,协调地方配套资金,控制非工程建设支出。在资金结算方式上,公司认真执行国家有关政策,建立了由监理、公司各部门、公司领导的结算复核审签制度,严格按概算、按合同认真办理每一笔支付业务,从制度和程序上规范资金的使用,没有出现一笔错漏。认真执行财政部在水利系统实行的国库集中支付试点工作,改进财务结算方式,确保了工程结算时间。如实核定工程概算,严格对施工和各种费用的测算审核,控制好合同执行和竣工决算,把工程概算控制在预算范围内。

公司狠抓会计核算的基础工作,会计核算体系更加完善。加强了日常财务分析考核,严格控制各项管理费用,确保各项资金及时到位。会计档案管理更加规范,资料更加完整。严格执行集中采购制度,做到认真履行验收、出入库登记手续。在采购工程材料、购买设备等方面,没有发生违法乱纪、质量缺陷问题。

在资金使用过程中,始终坚持用各种财经法规规范人的行为,用制度的严肃性、可靠性,规范和制约人的可变性,确保工程建设资金使用安全,没有出现截留、挪用、挤占现象。自开工以来,公司先后接受了国家发改委、财政部、水利部、财政部驻黑龙江省专员办、审计署驻黑龙江省特派办的审计、稽查和检查,都对工程资金管理给予了充分肯定。

(四)在招投标方面

公司严格执行《中华人民共和国招标投标法》和《水利工程建设项目施工招标投标管理规定》等法规,并结合工程实际情况,制定了《尼尔基水利枢纽工程建设招标投标实施办法》,规范招标投标行为。从招标公告发布、资质审查、投标、评标及合同签订,整个程序严格按照规定进行,达到了择优选优的目的。总计完成了辅助工程、主体工程、机电设备采购等重大招标54项,做到了公开、公平、公正。小浪底工程咨询有限公司、中水一局、中水六局、中水十三局、中水基础局、中铁十三局、辽宁省水电工程局、黑龙江省水电工程公司等具有丰富工程建设经验的一流施工和监理单位中标,为确保工程质量、进度奠定了基础。同时,通过招标竞争,降低了工程造价,项目投资得到了有效控制。

(五)在合同管理方面

尼尔基水利枢纽基本做到了"先签订合同后开工",杜绝了没有合同的工程项目。在合同管理中,合同双方都以合同为准绳,起到了相互制约作用。工程共签订各类合同500余项,累计合同金额70余亿元,没有发现违法乱纪现象。

(六)在安全生产方面

公司充分发挥项目法人作用,要求各参建单位健全安全组织,配足配强专兼职安全员,建立安全管理制度。自开工建设以来,公司会同监理单位定期进行安全大检查,认真组织各参建单位开展丰富多彩的安全生产教育活动。各施工单位一直把安全生产放在首位,关口前移,责任到人,建立健全奖罚制度。到施工全面结束时,没有发生特重大人身伤亡责任事故,一般性事故也控制在标准内,从而保证了工程建设顺利进行。

(七)在施工环境方面

按照国家有关法律法规和文件要求,加大了施工区环境管理工作力度。要求各施工单位健全环境管理机构,制定规章制度,配备专人负责,坚持例会制度、联合检查制度和月报告制度。加大了对施工区环境工作进行日常检查、监督和指导,发现问题及时进行通报,要求限期整改。现场机具、材料摆放整齐、有序,施工道路平整、畅通,并做到每日定时洒水、维护。对排污重点部位的"三大系统"项目进行了有效治理,使施工区及下游环境面貌大为改善。

(八)在水土保持方面

加大了水土保持工作力度,要求各施工单位按设计和施工方案进行施工,施工区料场统一规划开挖,暂存料和弃料按设计指定位置堆放等。完成了一期围堰上游堆石护坡,下游交通桥公路护坡,完成了管理单位办公、生活区的绿化、美化工作。施工单位生活区也都进行了绿化、美化,工作、生活区环境得到了改善。移民安置区统一进行场地平整及弃料堆放,减少了水土流失。尼尔基水利枢纽被国家环保局列入全国重点工程第一批环境监理试点项目,《尼尔基水利枢纽工程环境影响评价复核报告》通过国家环保总局审批,于2001年5月开始施工区环境保护监测工作,于2003年7月开始水土保持监测工作。尼尔基水利枢纽实行了移民监理、环境监理制。其中环境监理是国家第一批试点项目之一。

(九)在外部环境建设方面

由于工程地处少数民族地区,公司特别注意处理好与地方的关系,在国家政策允许范围内,能够兼顾地方利益的就兼顾,能够给予地方支持的就给予,能够参与地方的活动就参与,拉近了与地方的关系,增进了民族感情。如莫旗政府开展的文明卫生城建设活动、建旗45周年庆典活动、莫旗少数民族运动会、抗击"非典"募捐活动、连续多年为莫旗捐资助学等。通过支持、参与少数民族地区活动,加深了了解,增进了友谊,树立了形象,为工程建设创造了有利的外部环境。

(十)在预防工程建设腐败方面

首先从建立健全长效机制入手,根据国家有关方针政策,制定了一系列内部管理制度,包括工程管理、计划管理、财务管理、物资管理、档案管理、行政管理、党务管理、移民管理等 50 余项规章制度。上述管理制度的制定和实施，对管好水利枢纽建设，控制工程进度、成本、质量，特别是规范领导干部的行政行为起到了重要作用，确保了工程建设和公司各项工作向良性方向发展。

党风廉政建设责任制是构建惩防体系的制度保障。几年来，公司党委把党风廉政建设责任制作为"一把手"工程，坚持常抓不懈，紧紧抓住责任分解、责任考核和责任追究三个环节，每年年初制定《公司党风廉政建设责任制和反腐败工作任务分解方案》，并与处级领导干部签订《领导干部党风廉政建设责任状》，明确责任，各负其责。党风廉政建设做到了"三同时"，年初与其他工作一同布置，年终与总结评比一同进行考核。公司还与各参建单位签订了《尼尔基水利枢纽廉政建设"十不准"协议书》，实行了"合同双签制"。

抓好廉洁自律教育工作，是从源头上预防和治理腐败的治本之策。在开工建设之初，公司特别注重搞好"四制"学习教育活动，采取举办培训班、研讨会、送出学习等措施，让广大干部特别是领导干部掌握"四制"内容、要求、具体做法，提高执行"四制"重要性和必要性的认识，增强执行"四制"自觉性和主动性。同时，按照"关口前移，重在防范"要求，公司党委积极开展廉洁自律教育活动，认真学习贯彻中纪委、水利部纪检监察会议精神，组织开展廉洁自律专题教育、正反两方面案例警示教育活动，注重从源头上防止滋生腐败。

公司与地方检察院建立经常、广泛联系，共同在工程建设过程中开展预防职务犯罪活动。呼伦贝尔市检察院、莫旗检察院曾多次深入工地指导各参建单位预防工程建设腐败工作。截至目前，公司没有发现领导干部有违法乱纪现象，实现了工程优质、干部优秀的"双优工程"目标。

（十一）在文明工地建设方面

按照水利部关于开展文明工地评选活动要求，在工程建设期间，文明工地创建活动比较出色，不仅工程质量、进度、资金管理，安全生产、环境保护工作达到了文明工地评比的硬指标，而且精神文明建设活动也丰富多彩，2004 年被评为了全国水利系统文明工地。具体做法如下：

舍得投入人力、财力、精力，积极开展各项健康活动，寓教于乐，职工思想道德素质有了明显提高。结合节假日、各类纪念日等，开展了球类比赛、组织联欢会等活动，收到了比较好的教育效果。公司与水利部文协共同举办了"手拉手——珍惜生命"大型文艺演出活动，与各施工单位联合举办了"尼尔基水利枢纽杯"篮球比赛、乒乓球比赛、中秋节联欢晚会等大型文体活动。公司认真为群众谋利益、办实事、办好事，努力创造条件改善职工的工作、生活条件。目前篮球、排球、羽毛球、乒乓球活动场地都已经建成，健身房、台球室、歌舞场地等活动场所和设施配备齐全;增加了 5 个电视频道、2 兆加 GPS 的宽带网;完成了生活区绿化美化工作;坚持每年为职工做一次全面体检,并重视做好预防地方病工作等,以保证职工身体健康等。

围绕工程建设目标和职工思想实际,认真做好日常职工思想政治工作。思想政治工作做到了"四个紧密结合":一是思想政治工作与中心工作紧密结合;二是思想政治工作与管理工作紧密结合;三是思想政治工作与职工切身利益紧密结合;四是思想政治工作与精神文明建设活动等"软任务"紧密结合。认真做好职工思想政治工作,积极开展"五必谈六必访"活动,使日常职工思想政治工作有声有色,起到了化解矛盾、理顺情绪、激发出了社会主义劳动热情。

通过文明工地创建活动,涌现了一大批先进人物和先进事迹。广大工程建设者战严寒斗酷暑,舍小家为国家,先进事迹感人肺腑、催人奋进。有的工人经常加班加点,哪里艰苦就出现在哪里;有的技术人员刻苦钻研技术业务,提出科学方案,严把质量关,为确保工程进度、质量做出了突出贡献;有的领导干部坚持原则,秉公办事,不贪不占,树立了勤政廉政良好形象,特别是广大党员吃苦在前、享受在后,自觉践行"三个代表",充分发挥了先锋模范作用。

尼尔基水利枢纽是一项造福于全流域人民的福祉工程。经过广大工程建设者 5 年多的顽强拼搏,现如今,这座不朽的丰碑巍然屹立于松辽大地上,昔日这条桀骜不驯的野马,终于束手就擒,俯首为嫩江两岸人民造福!

(本文写于 2006 年 12 月)

如何实现尼尔基工程良性运行

尼尔基水利枢纽建成投产以来,发挥了显著社会效益,但由于管理体制不适、贷款额度过大、电价偏低、来水偏少等诸多原因,致使尼尔基工程的运行管理出现了极大困难。面对困境,如何才能实现工程良性运行,笔者深入思考后认为,必须准确定位,理顺体制,改革创新,多种经营,才能最终破解工程运行管理中的难题,摆脱经济困境,使尼尔基工程真正走上可持续发展道路。

一、工程现状

工程于 2006 年底建成并投入运行。三年多来,已经发挥了显著的社会和生态效益。特别是 2007～2008 年嫩江流域适逢严重干旱,降雨量均为新中国成立以来最枯年份,仅占多年平均水量的 30%～40%。按国家防汛抗旱指挥部门批准的方案,科学调度,满足了下游农业灌溉、大庆供水、扎龙湿地补水、吉化双苯厂爆炸水污染事故环境用水,以及下游沿岸工业和城镇居民生活用水等社会需求。今后将为嫩江流域经济社会发展,尤其是东北商品粮基地增产、老工业基地振兴等发挥极其重要的作用。

然而,由于该工程主要承担的是公益性任务,社会效益虽然突出,但经济效益较差。总装机仅为 25 万千瓦,上网电价偏低(每千瓦时 0.357 元,为还本付息电价的 75%),远远没有达到设计电价水平(初步设计时测算的不含税上网电价为每千瓦时 0.45 元),平均年发电收入 1.4 亿元左右,难以承担工程维修养护等日常费用支出。同时,工程利用中国建设银行贷款 13.39 亿元,贷款期限 19 年,平均每年还本付息至少 1.54 亿元,高峰还款将达到 2.87 亿元,给工程造成无法承担的巨大资金压力。工程运行初期又赶上枯水期,为了偿还银行贷款本息,截至 2008 年底已经占用水保环保工程和移民资金 7 272 万元(被银行强制划走),占用施工单位质保金 3 173 万元,占用合同尾款 2 135 万元,累计亏损 9 101 万元。工程运行陷入极大困境,难以正常发挥更大作用。

由于不能按时偿还贷款本息,银行账号多次被封。其间,工程维护经费不能支付,环境、水保项目不能落实,水情、汛情等办公设备无法及时更新,职工工资不能按时发放,给水库度汛安全、发电运行安全和职工队伍稳定带来了严重影响。

二、问题成因

(一)管理体制不适

按照国务院批准的《水利工程管理体制改革实施意见》(国办发〔2002〕45号)精神,承担以社会效益为主的水利工程管理单位,不具备自收自支条件的,应定性为事业单位。尼尔基水利枢纽工程是以防洪、供水等社会效益为主的大型水利工程,不能做到"以电养水",根本不具备"自主经营、自负盈亏、自我发展、自我约束"的企业条件。

(二)贷款额度过大

据中国国际工程咨询公司财务评价报告:按批准的上网电价、设计发电量、现行的贷款利率和偿还期限,在只计发电收入的情况下,最大贷款能力8.49亿元,工程本身额外承担了社会公益性贷款4.90亿元。

(三)供水没有收益

目前尼尔基水库主要是通过下游河道补偿供水,且各用水户在工程建设前基本形成了取水规模。因而,对于下游各业用水只是起到补偿调节作用,提高了供水保证率,很难计量和收取供水水费。

(四)上网电价偏低

国家发改委 2007 年 9 月批准尼尔基水电站含税上网电价为每千瓦时0.357 元,可研评估时测算的不含税上网电价为每千瓦时 0.43 元,初步设计时测算的不含税上网电价为每千瓦时 0.45 元。上网电价与前期设计阶段测算的上网电价差距较大,降低了工程的贷款偿还能力。

(五)来水量偏少

尼尔基水利枢纽运行以来,2006 年入库水量 77.37 亿立方米,占多年平均水量的 73.89%,发电量 2.05 亿千瓦时,发电收入 3 366 万元;2007 年入库水量 32.90 亿立方米,占多年平均水量的 31.42%,是新中国成立以来最枯年份,发电量 3.14 亿千瓦时,发电收入 7 319 万元;2008 年入库水量 44.88 亿立方米,占多年平均水量的 42.86%,发电量 1.43 亿千瓦时,发电收入 4 683 万元。由于连续遇到枯水年份,一方面发电效益较差,另一方面为了缓解下游各业用水矛盾,按照上级指令增加了特需时段放流,发挥了较好的社会效益,损失了自身较大经济效益。

三、解决措施

(一)突出主业,优先抓好工程运行管理

作为嫩江干流上唯一的控制性工程,按照科学发展观和水利部党组可持续治水新思路的总要求,把民生水利放在更加重要位置,优先抓好工程防汛度汛、兴利调度,确保枢纽工程的安全运行,为嫩江流域国民经济和社会发展发挥出不可替代的作用。这是尼尔基工程主业,更是定性和存在的基础。

(1)扎实做好防汛工作,确保枢纽安全度汛。认真贯彻执行《防洪法》及国家防总批准的《尼尔基水利枢纽洪水调度方案》,按照"防大汛、抢大险、抗大灾"的要求,切实做到了认识、领导、组织、责任、措施"五到位",确保工程安全度汛,为全流域防汛做出了重要贡献。进一步完善了《尼尔基水利枢纽防洪抢险应急预案》《尼尔基水利枢纽防汛制度》。要成立防汛指挥机构和防汛抢险队伍,备足抢险物资。认真做好水情自动测报系统安装、调试、运行管理工作。汛前做好遥测站设备、水情中心站网络设备检查,水库水情、调度资料的收集整理工作。认真做好汛期雨水情测报和预报工作,密切关注流域内雨情水情、水文气象信息,及时组织会商,提出合理出库流量。

(2)努力提高水库调度水平,为下游各业用水提供了可靠保证。按照由"控制洪水向洪水管理"的新时期治水思路,正确处理局部利益与整体利益之间关系,按照《尼尔基水库兴利调度管理办法》及调度计划,适时调整下泄流量,为流域工农业生产、城镇居民生活、生态环境改善用水提供可靠保障。按照松花江防总调度要求,认真做好枯水期的水资源应急调度工作。组织开展水库"动态汛限水位"研究工作,为科学蓄水、合理调度水资源、发挥更大发电效益提供技术支撑。

(3)切实做好枢纽建筑物养护维修,确保工程安全运行。全面抓好枢纽运行管理,特别是连续高水位状态下的工程安全运行。加强对主坝、副坝、电站厂房、溢洪道、灌溉输水洞等主要建筑物和设备的检查、监测、养护,确保工程设施在连续高水位状态下的运行安全。高度重视安全生产管理工作,始终坚持"安全第一、预防为主、综合治理"的方针,明确安全生产目标,制定有效防范措施,认真进行事故隐患大检查,严肃处理安全事故责任人,积极开展"安全生产月"活动。扎实做好辖区治安综合治理、安全防火工作,确保辖区内不发生重特大刑事、治安案件及火灾事故,为工程充分发挥效益创造了优良环境。

(4)加强发电厂运行与生产管理。发电厂以构建平安企业、和谐企业为

目标,注重加强安全管理,全面提升安全性管理水平;重视电厂运行硬件设备的配置和维护,保障设备的完好与稳定;加强人才引进与培养,实现职工整体技术水平的稳步提升。不断促进发电厂生产管理工作程序化、制度化和规范化,不断发掘自身资源和人才优势,不断向现代化电力企业管理模式转变,努力创建一流水电企业,实现经济效益最大化和长远发展。

(5)强化尼尔基水利枢纽水资源保护工作。尼尔基水利枢纽是下游工农业生产和城镇居民生活的重要水源工程,远景承担着"北水南调"的龙头作用。保护好尼尔基工程水资源责任重大。必须会同国家及地方环保部门,根据国家环境保护有关政策和规定,结合工程实际情况,编制出台《尼尔基水利枢纽环境保护管理办法》《尼尔基水利枢纽环境监测评价实施方案》《尼尔基水利枢纽重要供水水源地保护应急预案》等,明确职责,健全机构,制定规章,配齐工作人员,积极开展环境保护与水土保持工作,妥善应对突发性水污染事件,让工程在流域经济和社会发展中发挥出更大作用。

(二)抓住重点,解决好制约工程良性运行问题

公司将始终把解决工程管理体制不适合、还本付息压力大等问题作为工作重点,采取多种方式、多种渠道、积极向上级反映,促进制约工程良性运行问题尽早解决。

(1)积极协调国家有关部委,按照准公益性水管单位体制,尽快批准组建事业单位性质的尼尔基水利枢纽管理局,落实公益性部分的运行管理和维修养护经费,保证尼尔基工程防洪、生态环境供水等社会效益的发挥。

(2)积极与有关各方协调沟通,一方面争取在提高电价、收取水费等方面有实质性进展,以解决靠工程自身经济效益不能还本付息问题;另一方面争取改变融资结构,减免承担公益性部分的贷款。根据中国国际工程咨询公司对尼尔基水利枢纽进行财务评价:按批准的上网电价、设计发电量、现行的贷款利率和偿还期限,在不计入供水收入情况下,最大贷款能力8.49亿元,需财政一次性补贴4.90亿元用于偿还贷款。只有通过国家财政一次性注入4.90亿元资金,工程才能够从根本上解决还本付息问题。

(3)积极协助水利部、松辽委做好《尼尔基水库管理办法》报批工作,为尼尔基水库资源有序开发、合理利用、科学管理提供有力依据。

(三)改革创新,为工程运行管理提供体制机制保证

改革创新是尼尔基工程抓好运行管理的关键,也是使其走上良性发展道路的助推器。

(1)在体制上创新。根据尼尔基工程性质,应该将其定性为准公益性工程,实行"事企并行"的管理体制。但是,即使国家批准成立尼尔基水库管理局,也只能是"小事业大企业"模式。因此,一定要按照准公益性水利管理单位性质,建立起"管养分离"的体制,充分利用社会和自身的有效资源,采用先进的、符合自身特点的运行管理模式,搞好供水、发电等经营管理,用最小的投入,最大限度地实现工程的经济效益。采用自行管理与招聘、委托管理相结合的运行管理模式,实现人力、物力、财力的最优配置。机关主要承担工程运行管理,人员要少而精,做到一人多职、一专多能。机关常设机构主要负责水文水情水质测报、水库运行调度、水资源及环境保护、枢纽安全管理等。大坝的维修养护不设专职大中修人员,可通过公开招标方式,委托社会完成大中修任务。电站、水厂主要管理人员和骨干技术人员应是本公司正式员工;不设或少设专职大修人员,可通过公开招标方式,委托社会完成大修任务。

(2)在机制上创新。搞好劳动人事制度改革,建立起适应公司发展需要的选人用人机制和激励约束机制。在用人机制上,实现职工能进能出、干部能上能下的局面;在分配机制上,打破传统工资制,制订保留档案工资、实行内部工资改革方案,分配向一线、贡献大者倾斜,突出政绩、业绩、实绩,合理拉开各类人员收入差距。

(3)在制度上创新。建立一套适合尼尔基工程运行管理的规章制度,用制度管人、管事,用制度实现科学管理。另外,要实施标准化管理,用信息化建设促进现代化。

(4)在精神文明建设上创新。创新活动的内容、形式和载体,开展群众喜闻乐见的文体活动,陶冶职工的道德情操;推进富有成效的职工思想政治工作,大力倡导"八荣八耻",弘扬中华传统美德、社会公德、职业道德,努力建设文明、和谐的水管单位。

(四)多种经营,为尼尔基工程良性运行增添活力

仅靠发电收入,不可能实现尼尔基工程的正常运行,应在确保防汛抗旱、城镇居民饮用水的前提下,充分利用水土资源、固定资产等,在总体规划的基础上,通过承包租赁、有偿转让、引进资金或技术合作开发等形式加以利用,扩大经营渠道,搞活多种经营,壮大公司经济实力。

(1)提早做好供水管理。尼尔基工程目前虽然没有直接供水功能,但对天然河道水资源调节作用巨大。所以,要提前研究供水计量方案,做好相关水价的方案制订、报批工作。在计量方式上,可以在取水口主江断面以多年平均来水量为基数,高出基数的水量收取水费。在管理方式上,在用水户单一情况下,可以成立水厂自行收缴;也可以委托地方有关部门代收水费,利益共享。在水价制定上,要分清不同种类供水,分清枯水期、丰水期,坚持"补偿成本、合理收益、优质优价、公平负担"的原则,按照"两部制"水价(基本水价和计量水价),进行水价核算,制定出合理的供水价格。

(2)充分利用水土资源。一是水面开阔。在水库正常蓄水水位216.0米,相应水面为498.32平方千米。二是水质好,嫩江是国内水质最好的两大江河之一,水质在国家Ⅱ类标准以上。以上两个优点可以积极发展养殖业。三是消落区土质好。水库类似平原水库,在水库正常蓄水情况下,有相当大部分土地在216.0~216.78米高程之间,库尾有大量的耕地和草地,可以发展种植业、畜牧业。

(3)积极开发旅游资源。尼尔基的旅游资源也比较丰富,除了工程本身所形成的气势恢宏、蔚为壮观的人文景观外,南有国家级扎龙自然保护区,北有世界地质公园五大连池风景区,西有国内知名的呼伦贝尔大草原。尼尔基水库已于2007年被水利部批准为"全国水利风景区",如与当地旅游风景区形成旅游专线,开发前景广大,应推动其成为尼尔基工程新的经济增长点。

(4)积极探索梯级开发。在突出抓好尼尔基工程运行管理这一主业,让工程发挥最大的社会效益的同时,应充分利用好人才、地域等优势,提早谋划立足于尼尔基工程,面向于嫩江全流域梯级开发,兼顾到松辽两大流域协调发展的大思路、大格局,实现优势互补、上下联动的集团经济。如,积极协调促进上游经济效益相对较好的毕拉河口水利枢纽、文得根水利枢纽等项目的开工建设,一方面实现嫩江流域的水资源综合开发利用,另一方面壮大自身经济实力。

(5)积极探索走出去战略。目前国内国际水电市场前景广阔,特别是当前和今后一个时期国家实施拉动内需、刺激经济快速增长战略,水电项目建设增多。尼尔基工程经过6年的建设实践,锻炼出一支具有施工管理经验和较高专业技术水平的队伍,这是最大的一笔无形资产,可以探索对外承揽代建制工程建设项目。

四、结语

尼尔基工程的主业是防洪、供水,社会效益为第一位,因此必须在确保主业的前提下,兼顾发电、水库经营等经济效益,这是一条基本原则。尼尔基工程建成后凸显出防洪、工农业供水等功能,发挥了巨大的社会效益。但在自身可持续发展上,需要以科学发展观和可持续发展治水新思路为统领,在国家政策扶持下,解决好制约工程良性运行问题;需要依靠自身诸多资源和优势,转变观念创新体制机制,着眼大局谋划嫩江流域梯级开发,打开思路积极开展多种经营,只有这样才能实现尼尔基工程又好又快发展。

（本文写于2009年8月）

着力推动尼尔基工程管理体制改革

在我国实施"十二五"规划的第一年,中共中央、国务院印发了《关于加快水利改革发展的决定》。以中央一号文件出台水利改革发展一系列方针政策,这是我党历史第一次,也是我国经济建设和社会发展第一次,这标志着我们党对水利的认识达到了一个新的高度。其中,中央一号文件的第二十四条明确提出:"加快水利工程建设和管理体制改革。区分水利工程性质,分类推进改革,健全良性运行机制。深化国有水利工程管理体制改革,落实好公益性、准公益性水管单位基本支出和维修养护经费。"结合中央一号文件精神和尼尔基工程实际,我们有理由相信,尼尔基工程改革发展必将取得新进展,尼尔基工程的经济社会效益必将取得更大的新成就。

尼尔基工程是嫩江流域涉及黑龙江、内蒙古、吉林三省区的水资源开发利用、防治水旱灾害的控制性工程,工程在防洪、湿地补水、流域水资源配置和处理水污染突发事件提供储备水源等方面发挥的公益效益占工程综合效益的70%以上,公益职能作用显著,公益性突出。但由于尼尔基工程经济效益较差,每年还本付息额度较大,难以承担工程维修养护等日常费用支出。经过近5年工程运行情况看,根本不能实现"以电养水"的设计目标,将来势必陷入极大困境,难以正常发挥应有作用。按照中央一号文件精神,结合工程运行管理实际,尼尔基工程运行管理单位应定性为准公益性水管单位。

组建尼尔基工程准公益性管理单位,一是保证工程公益性职能有效发挥的需要。可以有效避免以经济效益最大化维持公司的运行和发展给工农业供水、湿地补水和环境用水等公益效益产生不利影响。二是保证尼尔基工程正常运行维护的需要。根据财务分析,发电收入不能维持自身的运行和还本付息支出,更难以再承担枢纽工程公益性维护管理的人员经费和日常公用经费的支出,公司长期处于亏损状态,难以维持生存和发展。根据国家现行的经费预算管理制度,组建事业单位性质的管理单位,才具备申请财政补助条件,有利于有关部门安排枢纽所需的维修养护及设备更新改造投资,确保工程正常运行。三是保证尼尔基工程运行管理单位行使管理职能的需要。尼尔基工程涉及黑龙江、内蒙古、吉林三省区的水资源开发利用、防治水旱灾害等复杂因素，水库管理单位在发挥工程综合功能、实现工程巨大社会效益的同时，还要兼顾自身及三省区、上下游、左右岸等多方利益，组织协调工作难度大、任务重，有利于其从国家大局出发，建立良好的决策机制，发挥工程在流域水资源调配和防洪调度中的重要作用。因此，组建事业法人的尼尔基水利枢纽管理局已经迫在眉睫，只有这样，才能扭转尼尔基工程运行的困境，发挥其社会效益。

当前，我们必须按照中央一号文件精神要求，把民生水利放在更加突出的位置，优先抓好工程防汛度汛、兴利调度，为确保嫩江两岸人民群众生命安全、生活安全、生产安全发挥不可替代作用。这是我们必须始终如一、坚定不移做好的"主业"。

一是认真贯彻执行《防洪法》和国家防汛抗旱调度方案，全面部署防汛工作任务及目标，落实防汛计划措施和防汛责任，做到认识、组织、措施、责任"四到位"，确保枢纽安全度汛，确保枢纽水工建筑物安全运行。二是树立"由洪水控制向洪水管理转变""由供水管理向需水管理转变"的理念，全力抓好水库防洪兴利调度工作，发挥好尼尔基工程的抗旱作用，在确保防洪安全的前提下，尽可能多蓄来水，为嫩江流域的经济社会发展提供水资源保障。三是以"严谨、细致、高效、安全"为目标，加强发电厂生产管理，努力提高工程经济收益。继续探索水费收缴问题。四是积极推动《尼尔基水库管理办法》尽快出台，为水库经营规范化管理提供有效支撑。树立"以经营带管理，以管理促经营"的经营管理理念，积极推动水库综合经营，充分利用水面、土地、旅游等资源，努力实现工程经济效益最大化。

党中央将水利提到前所未有的高度，水利改革发展迎来跨越式发展重大机遇，目标已经明确，蓝图已经绘就，我们一定要抓住中央一号文件精神下发这一有利机遇，在做好尼尔基工程运行管理"主业"同时，重点抓好准公益性水管单位推动工作，彻底解决制约尼尔基工程良性运行问题，为实现嫩江流域经济社会可持续发展和国家增产千亿斤粮食目标做出更大贡献！

（本文写于 2011 年 4 月）

对尼尔基水库供水管理的思考

尼尔基水利枢纽基本建成并投入运行,其巨大的社会效益和经济效益已经和即将得到充分发挥。尼尔基水利枢纽除了具有巨大的防洪效益外,其供水效益也十分巨大,为第二位。设计水平年,水库可为下游城市工业生活供水 10.29 亿立方米,能满足松花江、嫩江流域重要城市用水;农业灌溉供水 16.46 亿立方米,可使下游灌溉面积发展到 454 万亩;为航运供水 8.2 亿立方米,环境供水 4.75 亿立方米,湿地供水 3.28 亿立方米,改善下游航运条件及生态环境。

水利是国民经济的重要基础设施,水资源是经济社会发展的重要支撑和保障,是国家基础性的自然资源和战略性经济资源。尼尔基水利枢纽的建成并投入运行无疑会对嫩江流域乃至东北地区水资源的可持续利用起到重要作用。但同时,嫩江流域也和全国其他地区的水资源形势一样,也存在用水结构不合理、浪费严重、用水效率低、效益较差等问题。另外,嫩江虽然比其他江河水生态和环境状况优越,但流域内的水土流失面积也存在逐年扩大、污水排放总量逐渐上升等问题。

因此,尼尔基水利枢纽建设和运行之初,就应该搞好供水改革,建立科学供水机制和制度,特别是要运用价格杠杆来达到节约使用的目的,以确保宝贵的嫩江水资源得到优化配置,真正发挥经济社会发展的支撑和保障作用。

一、树立商品水的观念

水是一种特殊的商品。在 1997 年 10 月国务院颁布实施的《水利产业政策》和 2003 年 7 月国家发改委与水利部联合发布的《水利工程供水价格管理办法》中,都明确了水利工程供水的商品属性。尼尔基水利枢纽总投资 76.59 亿元,其中,中央财政投资 52.87 亿元(含资本金 5.19 亿元);黑龙江省出资 8.53 亿元(3.89 亿元为资本金),内蒙古自治区出资 1.80 亿元(全部为资本金);向国家建设银行贷款 13.39 亿元。据了解,工程调概报告已经通过水利部审查并报送发改委,调整后的工程投资将达到 79.4 亿元,增加后的投资将按照初步设计的投资分担比例分摊。投资四方(包括建设管理单位贷款投资)这么大的投资,获得的是尼尔基水库的水的使用权、经营权,使尼尔基水库的水由自然水转变成商品水,由原来具有单一的自然属性变成兼有商品属性的二重属性。而投资回报的主要途径除发电收益一项外,另一项应该是供水收益。

树立尼尔基水库的水是商品水的观念,符合水权和水市场理论,是破解尼尔基水利枢纽走上良性循环运行的金钥匙。我们知道,水权包括水的所有权、使用权、经营权、转让权等。已经颁布实施多年的《水法》明确规定,水的所有权属于国家,各用水单位得到的只是国家赋予的使用权、经营权、转让权。水权制度是涵盖水资源国家所有,用水户依法取得、使用和转让等一整套水资源权属管理的制度体系。嫩江水资源的所有权属于国家,但通过投资兴建了尼尔基水利枢纽后,投资者就获得了尼尔基水库水资源的使用权、经营权、转让权,同时通过市场进行商品交换,而成为真正意义上的商品水。

二、科学制定供水价格

商品的价格是商品的价值体现,任何商品交换都要遵循价值规律。既然水成为了一种商品,其价值也必须通过市场等价交换的原则来体现。近年来,国家治水思想的一个核心理念就是建立科学合理的水利工程供水价格形成机制和管理体制,运用价格杠杆来掌控水资源的优化配置和节约用水。因此,从尼尔基水库一开始运行,就制定符合自身价值的水价,既是水库始终处于良性运行状态的重要条件,又是实现节约用水和优化水资源配置的重要手段。

尼尔基水库的供水价格主要应该包括这样几个方面:一是供水生产成本,即正常供水生产过程中发生的直接工资、直接材料费、其他直接支出以及固定资产折旧费、修理费、水资源费等制造费用。二是供水生产费用,即为组织和管理供水生产经营而发生的合理销售费用、管理费用和财务费用。三是供水利润,即公司在从事正常供水生产经营活动过程中,所获得的合理收益,需按净资产利润率来核定。四是供水税金,即公司在从事正常供水生产经营活动过程中,按照国家税法缴纳的,并且可以计入水价的税金。

尼尔基水库的供水范围较为广泛,涉及大庆、齐齐哈尔、哈尔滨等城市,供水情况复杂,既有农业用水,又有非农业用水;既有从水库下游河道中自行取水用户,又有将来从水库取水的新用户,水价构成相对复杂。因此,在研究制定尼尔基水库供水价格中,一定要分清供水对象,充分考虑用水户的类型和承载能力,进行分类定价。结合尼尔基工程实际和当地情况,尼尔基水库的供水价格应该划分为城镇工业用水、城镇居民生活用水、生态环境用水、农业用水、发电用水等。其中,在核定城镇工业用水、城镇居民生活用水、生态环境用水等非农业用水价格时,要考虑成本、费用、利润、税金四项基本要素;而核定农业用水价格时,则需要充分考虑当地农业基础薄弱的实际情况,把向农业供水作为一种特殊商品交换,制定水价时不计入利润、税金两项要素,差额部分应由国家财政补贴;纯用于水力发电的用水价格,可以参照同类水电工程按照电网销售电价(元/千瓦时)的 1.6% ~ 2.4% 核定,水费收缴可在公司内部财务划转完成。

尼尔基水库供水应逐步推行基本水价和计量水价相结合的"两部制"水价。基本水价按补偿供水直接工资、管理费用和 50% 的折旧费、修理费的原则核定。计量水价按补偿基本水价以外的水资源费、材料费等其他成本、费用以及计入规定利润和税金的原则核定。但不论哪种水价均应实行定额管理,超定额用水实行累进加价,这才符合国家节约用水政策。尼尔基水库是受季节影响较大的水利工程,供水价格可实行丰枯季节水价或季节浮动价格。特别是在旱情严重、不得不动用水库死库容向下游工农业、城镇居民生活供水时,要按照供水用途相应提高供水价格,提高幅度大体在 2~3 倍。对于在尼尔基水利枢纽建设之前就存在的老用水户,由于工程建成后增加了供水保证率,改善了用水环境和质量等,所以有理由而且必须商定水价、收取一定的水费;对于在尼尔基工程建成之后的新用水户,就更应该根据供水类型和基本要素确定水价,并按照国家有关法律法规收取水费;对于供排兼用的水利工程,排水费应单独核定标准,标准由有管理权限的价格主管部门按略低于供水价格的原则核定,并与供水水费分别计收。

在国务院批复的《尼尔基水利枢纽初步设计报告》中,工业供水水价计算为每立方米 0.153 元,农业供水水价计算为每立方米 2 分,渔苇供水水价计算为每立方米 1.3 分,其他类型的供水水价没有明确。这需要依据国家调整工程投资及相关政策变化,重新进行测算调整。

此外,尼尔基水利枢纽是"北水南调"的龙头工程、水源地之一,承担着未来向辽河调水的任务。这是跨流域的水资源配置问题,应当依据水权转让模式、通过水权明晰,来实现尼尔基水库向辽河供水的水权转换。其调水水价更应当遵循水市场理论,按照市场经济规律办事,用价格手段来优化配置尼尔基水库的水资源。

三、建立行之有效的供水管理机制

第一,建立科学有效的水费收缴机制和办法。尼尔基水库供水一定要实行计量收费,积极推广按立方米计量。若实行两部制水价,则基本水费应按用水户的用水需求量或工程供水容量收取,计量水费按计量点的实际供水量收取。鉴于尼尔基水库随着今后供水发展将出现量大、面广、战线长特点,水费收缴可采取自收和委托有关水务部门或个人的办法收取水费。对于农业用水户,应积极培育农民用水合作组织,改进收费办法,减少收费环节,提高缴费率。对于大的用水户,可以根据国家有关法律、法规和水价政策,采取公司与用水户签订供水合同的办法,规范双方的责任和权利。实行合同管理方式对于用水户具有法律约束力,特别是对于逾期不交付水费的,可以按照合同规定进行违约金或中止供水等处罚。

第二,抓好供水管理单位的经济体制改革。国务院办公厅2002年9月17日转发国务院体改办的《水利工程管理体制改革实施意见》(国办发〔2002〕45号)中明确:既有防洪、排涝等公益性任务,又有供水、水力发电等经营性功能,其承担管理运行维护任务的单位为准公益性水管单位。准公益性水管单位依其经营收益情况确定性质,不具备自收自支条件的,定性为事业单位;具备自收自支条件的,定性为企业。

根据尼尔基水利枢纽特性和效益状况,嫩江尼尔基水利水电有限责任公司应该属于准公益性水管单位。负责水文水情水质测报、水库运行调度、水资源及环境保护、枢纽安全管理等人员,根据国务院水行政主管部门和财政部门共同制定的《水利工程管理单位定岗标准》,在批准的编制总额内合理定岗,并明确事业编制和拨款渠道。而尼尔基水力发电厂、供水管理单位等经营实体应该定性为企业,其一切经营活动应该按照市场经济规律运作,经营管理机制要遵循"事企分开"的原则,建立"产权清晰、权责明确、政企分开、管理科学"的现代企业制度,构建有效的法人治理结构,做到自主经营、自我约束、自负盈亏、自我发展。

第三,规范供水管理单位的经营活动,严格资产管理。尼尔基水利枢纽是以社会效益为主的准公益性水利工程,日常的经营管理必须确保工程安全和发挥好社会功能。因此,必须首先明确供水管理单位所从事的经营活动主要应是供水经营管理,不能兴办与水利工程无关的多种经营项目,即使从事投资经营活动,原则上应围绕与水利工程相关的项目进行,并保证水利工程日常维修养护经费的足额到位。

水费是供水经营者从事供水生产取得的经营收入,一定要实行财务独立核算,其使用和管理按国务院财政主管部门和水行政主管部门有关财务会计制度执行。要加强国有水利资产管理,明确国有资产出资人代表,负责水利经营性项目的投资和运营,承担国有资产的保值增值责任。要加强资金积累,提高抗风险能力,确保维修养护资金的足额到位,保证供水设施的安全运行。必须按规定提取供水工程折旧。折旧资金、维修养护经费、更新改造经费要做到专款专用,严禁挪作他用。

第四,根据供水管理单位的性质和特点,应积极推进人事、劳动、工资等内部制度改革。供水单位负责人应由公司党政联席会议研究决定并报董事会审批聘任,其他职工由供水单位择优聘用,并依法实行劳动合同制度,与职工签订劳动合同;要积极推行以岗位工资为主的基本工资制度,明确职责,以岗定薪,合理拉开各类人员收入差距。要按照"管养分离"的原则,建立符合自身特点的供水运行管理模式。主要管理人员和骨干技术人员应是本公司正式员工;对有的供水管理工作可以采用自行管理与招聘、委托管理相结合的管理模式,充分利用社会人力、物力、财力资源,尽量减少自身的经济负担。特别是要按照有关政策和法规参加所在地的基本养老、医疗、失业、工伤等社会保险,以解决好供水管理单位职工的后顾之忧。

第五,要特别重视和搞好环境与安全管理。尼尔基水利枢纽的建设和管理要遵守国家环保法律法规,符合环保要求,着眼于水资源的可持续利用。进行水利工程建设和管理都要严格执行环境影响评价制度和环境保护"三同时"制度。在日常尼尔基水库管理当中,一定要做好库区防护林(草)建设和水土保持工作,以保障上下游工农业、居民生活和生态用水需要。特别是公司本身开展的土地开发利用、旅游等多种经营活动,应当避免污染水源和破坏生态环境。要强化安全意识,加强对水利工程的安全保卫工作。主体工程原则上不得作为主要交通通道,枢纽区一定要封闭式管理。总之,要按照1991年3月22日国务院颁布的《水库大坝安全管理条例》和2005年7月22日水利部颁布的《水利工程建设安全生产管理规定》等有关规定,建立大坝定期安全检查、鉴定制度,做好大坝安全日常管理工作,以确保人民生命财产和经济建设安全。

（本文写于 2005 年 10 月）

对尼尔基水库综合经营的思考

尼尔基水利枢纽工程社会效益显著,但其经济效益较差。电站装机 25 万千瓦,年均发电量为 6.4 亿千瓦时,预计每年获发电收益 1.8 亿元,偿还工程建设贷款本息后,其经济效益并不十分明显。因此,如何在工程建成后充分利用好水土资源和地理条件,统筹规划、合理开发、协调发展,实现"以水养水"的发展策略,将是工程运行期间的重点工作之一。

一、水库经济发展优势分析

(一)水资源优势

嫩江发源于大兴安岭山脉伊勒呼里山南麓,全长 1 370 千米,流域面积 29.7 万平方千米,支流水系发育,右岸有甘河、诺敏河、阿伦河、绰尔河,左岸有科洛河、诺莫尔河等,水量充沛,是松花江的重要水源。尼尔基水利枢纽坝址以上干流达 785 千米,流域面积达 6.64 万平方千米,多年平均径流量 104.7 亿立方米。

水库建成后,正常蓄水水位 216.0 米,相应水面为 498.32 平方千米,库区狭长 100 余千米;当水位达到校核洪水水位 219.9 米,水库蓄水达到 86.11 亿立方米,水面开阔,形成人工湖泊,是目前东北地区第二、国内第六大水库。

嫩江是国内水质最好的两大江河之一,水质在国家Ⅱ类标准以上。水库建成后,库区周围无大的"三废"点源,来自地表径流污染较小;库区浮游植物硅藻、绿藻等营养水平较低;水中有机质较少,浮游动物种类也较贫乏。

(二)土地资源优势

水库类似平原水库,水面坡降小,库尾有大量的耕地和草地。在水库正常蓄水情况下,有相当大部分土地在 216.0 ~ 216.78 米高程之间。库区地貌主要为高低漫滩和一、二级侵蚀堆积阶地,地层主要为二元结构:上部为黏性土层,厚 2 ~ 5 米;下部为沙砾石层,地下水埋深较浅,一般为 2 ~ 7 米。土壤为暗棕壤、黑土、草甸土、沼泽土,土质肥沃。

水库所在地区为全国或省区重要粮食生产基地,主要农作物有大豆、小麦、玉米、水稻等;主要经济作物有马铃薯、葵花籽、甜菜、洋葱等。黑龙江省讷河市被誉为全国的马铃薯之乡,甘南县被誉为全国的向日葵之乡。库区牧业也较发达,其中呼伦贝尔市是国内重要的牛羊肉、奶类生产基地。

(三)地理气候优势

库区地处大兴安岭南麓的丘陵区向松辽平原区的过渡地带。交通便利,齐齐哈尔市、呼伦贝尔市具有国内机场,可以飞往全国各地;有国内铁路干线通过讷河市,距离坝址所在地不到 30 千米;有国家一级公路 111 国道,在水库周边通过。

这里东邻茫茫大兴安岭、呼伦贝尔大草原,西邻辽阔松嫩平原、大庆油田。春季花草芬芳,夏季麦浪翻滚,秋季层林尽染,冬季银装素裹。气候属于寒温带季风气候区,冬季雪大,夏季多雨,春秋干燥,气候四季变化,物候季相景观丰富多彩。最具特色的是冬季降雪形成银装素裹的世界,秋季山林五彩斑斓。特别是冬季白雪皑皑、银装素裹、千里冰封、万里雪飘的北国壮丽风光能给人极强的震撼,山谷峭壁常见巨型冰川悬挂,十分壮观,每当初春季节,冰河溶化,巨型冰块顺激流而动,互相挤碰,声音震响回荡。冰雪资源、冰雪文化开发前景广阔。

(四)自然资源优势

库区野生植物资源较为丰富。据初步调查,有可供人食用的植物 30 余种。饲用植物 200 余种,药用植物 250 多种,用材树木 10 余种。可食用植物如蕨菜、黄花菜、柳蒿芽等,可食菌类植物有蘑菇、森耳、猴头等,可采食乔、灌木果实如稠李子、山里红、山杏、榛子等,营养丰富,美味可口。另外,药用植物种类繁多,其中尤以龙胆草、柴胡、黄芪、防风等分布较广。库区用材树木有叶松、黑桦、白桦、柞树、杨树、榆树、柳树、苕条等。还有许多种植物均可用于纺织、造纸或作为薪材之用。油料植物有榛、葶苈、苍耳、山杏等。芳香植物有亚洲百里香、野刺玫、薄荷等。

库区次生林茂密,河谷、平原植被繁盛,大小河、溪纵横,北部广大山区人口稀少,生态环境良好,为野生动物栖息、繁衍、生存提供了优越的自然条件。现已查明有经济价值的野生动物近 100 种。其中被列为国家一级保护动物的有黑熊、紫貂、丹顶鹤等,列为国家二级保护动物的有驯鹿、猞猁、水獭、雪兔、大天鹅、鸳鸯、雀鹰等。

嫩江水质好,野生鱼类 40 余种,盛产金鲤、白鱼、鳌花、红尾等名贵鱼类,狗鱼、山鲶鱼、细鳞、鲫鱼、泥鳅、柳根鱼等也很有名。著名特产有"三花五罗":奥花鱼、计花鱼、边花鱼,哲罗鱼、鸦罗鱼、胡罗鱼、油罗鱼、铜罗鱼,久负盛名。水库建成后,水流变缓,透明度增大,水质及饵料生物的组成等都将发生变化,原来栖息于库区江段的多种鱼类水生态系统将得到极大改善。特别是喜稳水生活的鱼类,如鲤、鲢、鲫、草、鳙鱼类等将会得到大量繁衍。

(五)人文景观优势

嫩江流域是我国蒙古、满、朝鲜、鄂伦春、鄂温克、达斡尔等少数民族的聚居地,历史悠久,人文景观繁多。著名旅游景点有五大连池、扎龙自然保护区、呼伦贝尔大草原、昂昂溪新石器时代遗址、嘎仙洞遗址、塔虎城遗址等。

全国有三个少数民族自治旗——鄂伦春族、达斡尔族、鄂温克族自治旗,均处在水库所在地区。鄂伦春族自治旗是我国成立的第一个少数民族自治旗,地处大兴安岭腹地,享有"绿色净土"的美誉,是我国木材生产的重要基地之一。自治旗旅游资源得天独厚,既有山岭林区地形地貌,又有千里冰封万里雪原的雄浑气势,既有古朴神秘的鲜卑文化,又有独具特色的民族风情为世人瞩目,既有国家级重点保护文物嘎仙洞,又有国家级森林公园达尔滨湖。自治旗水资源蕴藏丰富,水能资源理论蕴藏量达 16.38 亿千瓦时,建立水电站具有得天独厚的条件。莫力达瓦达斡尔旗自治旗素有"曲棍球之乡"的美誉。达斡尔族文学艺术是中华民族文化宝库中的一块瑰宝。全旗风景秀丽,有莫力达瓦山、雷击山、烟筒石、四方山、博荣山等;全境群山旷谷中,脉络般地奔流着大小 56 条河流。这里钟灵毓秀、人杰地灵,是理想的旅游、投资地区。位于大兴安岭西侧、呼伦贝尔草原东南部的鄂温克族自治旗,被人们誉为"草原上的金凤凰"。这里有巴彦胡硕、红花尔基森林公园、五泉山等旅游景区。特别是位于伊敏河畔的巴彦呼硕旅游点,站在山上放眼眺望,伊敏河水似绸带从脚下轻轻淌过,红柳丛丛簇于河岸,点缀着草原风光。每年春秋两季,身着盛装的牧人在这里祭敖包、摔跤、赛马、唱歌跳舞,尽情欢乐,构成了一幅独特的草原风情图。

二、水库经济发展对策

枢纽工程建成后具有防洪、工农业供水等功能,显现了巨大的社会效益。在市场经济条件下,在"实现从传统水利向现代水利、可持续发展水利转变"的治水新思路的指导下,把水利发展与经济社会发展紧密联系起来,充分利用自身所拥有的水土资源、人力资源优势,科学规划、合理开发,有计划、有步骤地发展多种经营,提高水利经济效益,将成为今后全面进入工程管理阶段的工作重点之一。

(一)统筹安排,确保主业兼顾副业

尼尔基水利枢纽的主业是防洪、供水,社会效益为第一位,因此必须在确保主业的前提下,兼顾发电、水库经营等经济效益,这是一条基本原则。按照国务院批复的《水利工程管理体制改革实施意见》精神,承担主业部分是准公益性水利管理单位,属于事业性质。而承担发电、水库经营部分,应该是自主经营、自负盈亏、自我约束、自我发展的企业。所以,必须合理划分资产,做好产权分离,统筹安排,制定公司在运行期间的管理体制、管理机制、发展规划、战略目标。要按照"事企分开"的原则,抓好尼尔基水力发电厂、供水实体的生产经营,发挥出最大的经济效益。要按照"管养分离"的原则,建立符合自身特点的电站运行管理模式,充分利用社会资源,最大限度地减少自身的经济负担。可以采用自行管理与委托管理相结合的运行管理模式,本着"小机关、大事业、精简高效、科学务实"的原则,实现人力、物力、财力的最优配置。电站、水厂运行管理人员和骨干技术人员应是本公司正式员工,其他人员可采取聘用等不同方式;不设专门大修队伍,可通过公开招标方式,委托行业内有关单位完成大修任务。积极协调国家有关部门制定好电价、水价,特别要处理好水价的政策性补贴问题。对于公司辖区内的水土资源、固定资产开发利用,可以在总体规划的基础上,通过承包租赁、有偿转让、引进资金或技术合作开发等多元化经营管理模式,或股份合作,或委托经营,或租赁承包加以利用。总之,在确保工程运行安全,保证资源统一管理、统一调度和有效保护的条件下,实行所有权、使用权、经营权、收益分配权的产权分离。

(二)尊重人才,建立一支懂经营、善管理的水利经济干部队伍

公司现有职工大学本科以上学历的占73%以上,具有高中级技术职称的占60%以上。经过工程建设管理第一线的实践锻炼,技术力量很强,具有承担工程管理、施工监理、技术咨询、工程施工、物业管理等项目的能力。因此,我们应充分发挥这支专业人才队伍作用,本着"人尽其才、物尽其用"的原则,立足于尼尔基工程建设与管理,着眼于担当全流域梯级开发项目业主,为全社会的水电工程建设发挥更大作用。充分利用好工程建设期间积累的现有场所和设备,开展具有较高技术附加值的业务,在当地形成自身的技术竞争优势。

依据国家有关部委批准的嫩江尼尔基水利枢纽管理体制方案,结合公司长远发展战略规划,按照人才队伍梯次结构要求,研究制定《公司人才发展规划》。同时,按照水利部关于积极推进事业单位人员聘用制和企业单位全员劳动合同制要求,要以转换用人机制和搞活用人制度为重点,以推行聘用制度和岗位管理制度为主要内容,加快推进公司人事劳动制度改革,真正建立起人员能进能出、收入能高能低,职务(职称)能上能下的激励约束机制,为水库经营发展奠定良好的用人制度。对于水库经营管理项目,要建立法人治理结构,不拘一格选拔懂经营、善管理、恳吃苦的能人。可以采取送出去培训、引进来代培等多种方式,建设出一支懂经营、善管理的水利经济干部队伍。

(三)依托优势,促进人水和谐发展

充分利用大型水利工程优势,打造具有自身特色的旅游产业。尼尔基水利枢纽水库主、副坝总长 7 265.55 米,最大坝高 40.55 米,形成狭长 100 余千米的人工水面。加之工程建筑物气势恢宏、泄洪磅礴,水科技含量高,极具观赏性,是水利行业除水土资源外的重要资源,即水利风景资源。水利风景资源包括水文景观、地文景观、天文景观、生物景观、工程景观、文化景观。充分利用这些资源立足市场,根据地域、民俗特点及周边人文环境整体规划建设尼尔基水利风景区。在确保水利工程安全、水环境保护、水土保持和生态修复的前提下,利用已建成的高标准工程基础设施和基地服务设施,开放尼尔基发电厂,发展旅游观光、避暑、滑雪、会议、教育培训、疗养度假等项目,在坝前形成的中心水库周边建垂钓屋、蒙古包、野炊部、生态果园,建成以尼尔基水库宾馆为中心辐射周边地区,集餐饮、住宿、健身、民族歌舞演出等于一体的大型娱乐中心和冰雪体育运动比赛、训练基地。通过打造自身特色的旅游项目,跻身成为黑龙江省"大庆油田—齐齐哈尔扎龙湿地—水库风景区—五大连池—黑河市边贸"旅游专线项目;发展成为内蒙古自治区东部"扎兰屯旅游风景区—呼伦贝尔大草原—小二沟大兴安岭原始森林—水库风景区—达斡尔、鄂伦春、鄂温克民族风情"旅游专线骨干项目。最终实现弘扬水文化,改善人居环境,促进人与自然和谐发展,在取得社会效益和生态环境效益的同时,追求经济效益最大化。

尼尔基水库周围地势平缓,均为耕地或草原,可以因地制宜,对闲置征地出让土地使用权,发展种植业畜牧业,特别是发展绿色农牧业。既保护环境,防止水土流失,又增加了经济效益。根据高寒地区生态环境和库区草木繁茂特点,开办集养殖、加工、销售于一体的肉奶生产基地。根据水面开阔、水位较浅、底质平坦、水质较好等优势,大力发展养殖类,特别是发展特产水产类。选择经济价值高的鱼、蟹品种,采用人工放养、网拦库湾的方式,统一管理、计划捕捞,大力发展绿色生态水产养殖业。

对于以上项目选择和投资,一定要进行深入细致的调查研究,充分发动广大职工群众的聪明才智,慎重决策,合理安排项目和投资。特别要结合当地风俗特点和社会政治经济发展实际,因地制宜,量力而行,尽力而为,不搞大空假

项目,切忌"政绩工程"。

三、当前应尽快开展的几项工作

一是研究制订《公司经营发展战略方案》,科学规划尼尔基水库水、电、土地、旅游等资源的有效开发、合理利用。二是依据《水法》等,尽早制定颁布《尼尔基水库管理条例》,确保工程安全运行,发挥最大社会效益和经济效益。三是尽快出台《公司岗位素质要求及人员配置原则》,建立科学合理的人才培养、选拔、使用机制,为工程运行管理和水库经营发展创造有利条件。四是认真抓好电厂人员招聘、干部选拔、上岗培训,制定运行管理机制和各类规章制度,顺利在3年内完成委托管理与自行管理的有序衔接,实现安全、高效、现代化运行。五是成立水库经营管理中心,超前思考供水管理及库区水面、土地、旅游等综合经营,确定经营目标、经营方针、经济责任制等,搞活经营,提高效益,壮大公司整体经济实力,特别是按照《水利风景区管理办法》和《水利风景区评价标准》,尽早进行"国家水利风景区"申报工作。六是结合工程运行期特点和公司内部管理实际,制定有关规章制度、修改已经颁布的管理制度,建立一整套工程管理与水库经营管理的长效机制。

(本文写于 2005 年 12 月)

对建设国家水利风景区的认识

随着尼尔基水利枢纽工程建设基本完成并转入运行管理阶段,除了认真抓好工程防汛、水库调度、发电等主要工作外,为科学、合理利用尼尔基水库风景资源,促进水利资源的科学开发利用与保护,改善水生态环境,增进人水和谐,应提前思考并着手打造尼尔基水库成为国家水利风景区。

水利部原部长汪恕诚连续四年在全国水利厅局长会上专门讲到水利风景区建设与管理工作,并从构建和谐社会、全面建设小康社会、促进人与自然和谐相处的高度对水利风景区工作给予了高度的评价,同时要求"扎实做好水利风景区的资源保护、开发和利用工作,搞好水利风景区建设"。对此,尼尔基水库应充分认识,高度重视,精心组织,专人负责,认真做好建设国家水利风景区的各项工作。

一、建设国家水利风景区的基本原则

建设尼尔基水利风景区应坚持以人为本,统筹人与自然和谐相处,科学、合理地利用水利风景资源,保护好水生态环境,切实体现科学发展观的内在要求,为建设秀美山川,改善人居环境,为全面促进建设小康社会做出贡献。为此,必须坚持以下几项基本原则:一是坚持以人为本、突出保护的原则。即充分依靠科学理念和科技进步,确保资源、工程和游人的安全,修复和保护好水生态环境,弘扬水文化。二是坚持统筹兼顾、可持续发展的原则。即统筹考虑水利风景区资源的利用与保护、现在与未来,兼顾协调好上、下游,左、右岸,地方政府和群众的利益,赢得方方面面的理解和支持,谋取水生态环境不断改善,水利风景区的良性循环和经济社会的可持续发展。三是坚持因地制宜的原则。即水利风景区最为显著的特点就是自然、和谐。尼尔基水利风景区建设必须严格按照资源条件和自然规律,因地制宜,综合整治。四是坚持讲求效率的原则。即必须立足市场,用新观念、新思路、新方法去创立新机制,突出特点,有序建设,提高品位,实行市场化运作、产业化推进、企业化经营,以灵活有效的机制和发展模式,求得经济效益、社会效益和生态环境效益的有机统一。

结合尼尔基工程建设实际情况,应确定"以高标准规划为先导,以环境保护为目标,以景区开发为重点,以旅游发展为依托"的发展思路,并要紧密结合工程的建设与发展实际,努力做到"景区规划设计科学化,景区建设投资多元化,景区设施建设美丽化,景区经营管理规范化"。

二、建设国家水利风景区的可行性

根据《水利风景区管理办法》《水利风景区发展纲要》《水利风景区评价标准》等规定,凡是以水域(水体)或水利工程为依托,具有一定规模和质量的风景资源与环境条件,可以开展观光、娱乐、休闲、度假或科学、文化、教育活动的区域,如水库、湿地、自然河湖、城市河湖、灌区、水保示范园等,符合国家水利风景区标准要求的,均可申报国家水利风景区。

从风景资源方面来看,尼尔基水利枢纽的工程景观科技含量高,水工建筑物气势恢宏,泄流磅礴,蔚为壮观,堪称之最;水文景观资源比较丰厚,水面开阔、水质良好,特别是水库地处北方高寒地区,具有北国冰雪特点,能产生对人极具吸引力的雪野、冰场、雾凇等自然景观,适游期特点十分明显;地文景观也比较优越,处于大兴安岭与松嫩平原过渡地带,库区具有平原、丘陵兼容地貌,地质构造典型,与水域(水体)相关联的岸地、岛屿、林草面积较大;生物景观极为丰富,著名植物、动物品种繁多且极具珍稀度;当地的历史文化景观也是星罗棋布,少数民族历史遗迹、民俗风情极具特色和教育意义。

从环境保护质量方面来看,嫩江是国内乃至世界上比较清洁的河流之一,上下游水质均在Ⅲ类以下,流域内林草覆盖率、自然生态完整性较好,人口密度相对较小,人为水土破坏较轻,所以水环境质量、水土保持质量和生态环境质量的指标较好。

从开发利用条件方面来看,尼尔基水利枢纽开工之初,交通不便,地方经济比较落后。随着近几年经济体制改革深入,国家实施西部大开发战略方针,特别是尼尔基工程的建设,当地经济有了突飞猛进的发展,交通、通信、电力等基础设施发生了翻天覆地的变化。

从管理方面来看,随着工程由建设期转入运行期,尼尔基水利枢纽的长远发展规划即将制订并实施,管理体制机制正在建立。

从资金投入来看,国家对尼尔基工程调概报告于2006年批复,环境保护、水土保持资金投资迎来高峰期,为建设国家风景区提供了一定的资金保证。

另外,从施工方面看,尼尔基水利枢纽主体工程于2006年底基本完工,一部分施工和监理单位的人力、物力仍在现场,开展环境治理、场地平整、绿化美化具备施工条件。

三、建设国家水利风景区应注意的几个问题

(一)正确处理好开发与保护的关系

建设尼尔基水利风景区,要符合《水法》《水土保持法》《防洪法》《水污染防治法》《环境保护法》《水利风景区管理办法》和《水利风景区发展纲要》等法律法规。必须以培育生态,优化环境,保护资源,实现人与自然的和谐相处为目标。必须有利于保障水工程安全运行,有利于促进人与自然和谐相处。必须强调社会效益、环境效益和经济效益的有机统一。因此,要依法建设和管理水利风景区,严肃处理各种违法行为,建立健全景区管理与保护制度,保证水利风景区健康、有序、可持续发展。要做好水、土、生物及人文资源的保护工作,对宜林、宜草区域按照生态和美化要求修复植被,并按照有关要求有效处理垃圾、污水等。在景区内要禁止各种污染环境、造成水土流失、破坏生态的行为,禁止存放或倾倒易燃、易爆、有毒、有害物品。应当加强安全管理,有专门的安全生产管理人员和安全保障设施,并有应对突发事件的预案和有效处理能力,保障游览安全和水工程的正常使用。注意加强与当地政府及有关部门的沟通协调,充分依靠当地旅游资源,利用好已有的人文、地文景观,既能形成旅游规模,又能减少工程本身资金投入压力。特别是要处理好与旅游的关系,不允许超过容量接纳游人和在没有安全保障的区域开展游览活动。

(二)正确处理好主业与副业的关系

水利风景区的建设与管理必须结合水利工程的建设与管理进行。特别是在工程运行管理期间,水利风景区的维护要与水利工程的维护有机结合。尼尔基水利枢纽是嫩江干流唯一一座控制性工程,投资大、公益性强,必须充分发挥防洪、供水、生态等社会效益。要本着"电调服从水调""经营服从公益"等原则,在抓好工程建设管理主业的同时,抓好风景区建设管理等副业。景区建设的目的是保护生态环境,建设人水和谐社会,旅游效益只能是辅助性项目,绝不可以牺牲社会效益换取自身的经济利益。

但同时,水利风景资源是水利资源的重要组成部分。水利风景区建设是水利部党组新时期治水思路的具体内容和表现形式之一。水利部副部长翟浩辉在全国水利风景区建设与管理工作会议上强调:"积极开发利用和保护好水利风景资源,是各级水行政主管部门和水管单位的责任和义务。水利风景区建设与管理不是要不要抓的问题,而是必须抓、怎样抓好的问题。"因此,尼尔基水利风景区建设与管理也要摆上议事日程,高度重视,并认真做好。建设

一个水利工程,形成一个靓丽景点,塑造一个生态工程,这始终是我们广大水利工作者的追求目标和职业准则。我们完全可以在确保水利基础设施安全特别是防洪、供水安全的前提下,稳妥地将水利风景区建设管理好,使尼尔基工程在发挥好社会效益的同时发挥好经济效益。

(三) 及早制订水利风景区建设与管理规划

尼尔基水利风景区的建设,涉及工程安全,水源安全、水环境保护,水土保持和生态修复等问题,有其特殊的内容和要求,需要以规划来保障,切不可盲目、无序开工建设。要按照规范要求,组织编制景区发展总体规划。规划应保证满足水生态环境保护的基本要求,突出尼尔基水利风景区的特点,有利于加强水利风景资源的综合开发利用与保护管理,充分体现前瞻性、科学性、合理性。特别是在工程主体完工后,应当在两年内依据有关法规编制完成《尼尔基水利风景区建设与管理规划》。其中,规划分为总体规划和详细规划,总体规划的规划期一般为 20 年。总体规划应当与有关水利规划、当地社会发展规划相协调。详细规划应当符合水利风景区总体规划,并根据核心景区、景区和保护地带的不同要求编制,确定基础设施、旅游设施和文化设施等项目的选址、布局与规模,并明确用地范围和规划设计条件。规划一旦得到上级主管部门批复,任何单位和个人不得擅自调整水利风景区规划,确需修改的,应当按照原审批程序报批。

(四) 加大尼尔基水利风景区的宣传工作力度

社会形象在水利风景区建设与发展中有着举足轻重的作用。公司应加大宣传力度,在提高尼尔基水利风景区社会知名度上做文章,与新闻媒体沟通、联系、合作,通过电视、报刊、网络等多种形式宣传尼尔基水利风景区,为水利风景区建设与发展营造有利的舆论氛围,赢得全社会的了解、信任、支持和高度重视。

尼尔基水利风景区有其他水利工程所不可比拟的优势,为此我们应吸取和借鉴其他单位的先进经验,解放思想、实事求是、科学规划、真抓实干,努力加快风景区的建设进度,使尼尔基水库这颗镶嵌在嫩江上的璀璨明珠放出更加夺目的光彩!

(本文写于 2007 年 1 月)

山清水秀草原美　人间瑶池富北国

刚刚建成的尼尔基水利枢纽,经过环保项目的有力实施,就像一位下凡的仙女,美丽动人,婀娜多姿,轻挪碎步来到了我们的面前。

一、景区概况

(一)位置

尼尔基水库风景区以尼尔基水利枢纽为依托,以当地自然资源、人文资源为基础建立。该风景区位于黑龙江省与内蒙古自治区交界的嫩江干流上,右岸为内蒙古自治区莫力达瓦达斡尔族自治旗尼尔基镇,左岸为黑龙江省讷河市二克浅乡。这里东邻茫茫大兴安岭和呼伦贝尔大草原,西邻辽阔的松嫩平原。北有黑河、西有满洲里两个对俄罗斯开放的边境口岸。

(二)工程

该工程是国家"十五"期间重点项目,具有防洪、工农业供水、发电、航运、环境保护、鱼苇养殖等综合效益。工程等别为Ⅰ等工程,主要由主坝、副坝、溢洪道、水电站及灌溉输水洞(管)等建筑物组成。大坝总长 7 265.55 米,最大坝高 40.55 米。其中,主坝长 1 658.31 米,溢洪道设 11 个泄流孔,单孔宽 12 米,最大下泄流量为 20 300 立方米每秒。水电站装有四台水轮发电机组,总装机容量为 25 万千瓦。

(三)范围

风景区分枢纽景区和水库景区两部分。其中,水库景区规划范围为水库管理区域 511 平方千米的范围,主要包括尼尔基水库、两岸田野及周边山林。枢纽景区规划范围为坝区和厂区下游及坝两端的永久性征地范围,纵向沿坝址线长 7 千米以上,横向为坝轴线上游 150 米,下游从坝脚线向外 150～450 米,总面积为 17.8 平方千米。

(四)气候

风景区属于寒温带季风性气候区,冬季寒冷干燥,长达半年;春季干燥多风;夏季温湿多雨,秋季凉爽。

二、景区资源

(一) 工程资源

尼尔基工程科技含量高,水工建筑气势恢宏,泄流磅礴,蔚为壮观。工程竣工后形成的 500 多平方千米水面,烟波浩渺的湖面、壮丽的拦江大坝和壮观的跨江大桥,在蔚蓝的天空和洁白的云朵映衬下风光旖旎,令人叹为观止。

(二) 地文资源

风景区地处嫩江由大兴安岭山区向松嫩平原过渡的丘陵地带,坝址在嫩江干流最后一个峡谷。有平原、丘陵兼容地貌,地质构造典型,与水域(水体)相关联的岸地、岛屿、林草面积较大。

(三) 天象资源

天象景观丰富多彩,蓝天白云,朝霞落日;季象景观四季分明,花草芬芳,层林尽染。特别是夏季凉爽宜人,堪称避暑胜地;冬季银装素裹,北国壮丽风光能给人极强的震撼。每当初春季节,冰河融化,巨型冰块顺激流而动,互相挤碰,声音震响回荡。冰雪资源、冰雪文化开发前景广阔。

(四) 水文资源

嫩江是国内乃至世界上比较清洁的河流之一,上下游水质均在Ⅲ类以上,流域内林草覆盖率高,自然生态完整性较好,人口密度相对较小,人为水土破坏较轻,所以水环境质量、水土保持质量和生态环境质量的指标较好。

(五) 人文资源

嫩江流域是我国蒙古、满、朝鲜、鄂伦春、鄂温克、达斡尔等少数民族的聚居地,历史悠久,浓郁的民族风情风格各异。特别是"三少民族":鄂伦春、鄂温克、达斡尔至今还保留着自己的生活习俗和文化传统,兼有游牧文化、渔猎文化与农耕文化的特点。达斡尔族人能歌善舞,多才多艺,每逢节日都要跳起达斡尔族广场集体舞,另外还有赛马、摔跤、射箭、曲棍球比赛等节日活动。昂昂溪新石器时代遗址、嘎仙洞遗址等著名旅游景点。

(六) 生物资源

景区周边土质肥沃,素有"北国粮仓""大豆之乡""葵花籽之乡""马铃薯之乡"美誉。景区生态环境良好,为野生动物栖息、繁衍、生存提供了优越的自然条件。可供人食用的野生植物种类达 30 多种,如蕨菜、柳蒿芽、都柿、榛籽等营养丰富;野生花卉有兴安杜鹃、野百合、野玫瑰、报春花等上百种植物的花可供观赏;有经济价值的野生陆地动物近百种,被列为国家一级保护动物的有黑熊、紫貂、丹顶鹤等,列为国家二级保护动物的有飞龙(花尾榛鸡)雉鸡、狗子等;盛产金鲤、白鱼、鳌花、红尾等名贵野生鱼类40余种。

三、景区开发及保护状况

(一)景区开发

公司正积极与黑龙江省旅游局协作,联合打造"大庆油田—齐齐哈尔扎龙湿地—水库风景区—五大连池—黑河市边贸"情系黑土地旅游专线。目前,景区建设已全面展开,尼尔基发电厂进厂道路东侧完成植树9万株,主坝下游坝脚线至坝下路之间种植沙棘1万株,枢纽左岸施工区种植糖槭、丁香和野玫瑰1.32万株,建成主题景观——右坝头渡口码头休闲广场1处,完成投资720万元。景区内接待设施主要以水利枢纽管理区为主,在工程建设期间,已开发建设了欧式风格的基地综合楼4座,其中的三星级宾馆能够提供住宿、餐饮、会议接待等完善的服务。康乐中心正在进行内部装修,近期将投入使用。景区内水、电、通信等基础设施基本具备,右坝头渡口码头休闲广场已向游人开放,可容纳百余位游客的多功能游船已下水试航成功。

(二)景区保护

景区在工程建设期间就被国家列为第一批环境监理试点项目,《尼尔基水利枢纽环境影响评价复核报告》通过国家环保总局审批,先后编制了《尼尔基水利枢纽施工区环境保护管理办法》《尼尔基水利枢纽库区和移民安置区环境保护管理办法》。明确了业主、监理、施工单位和地方有关部门的具体职责,采取必要的植物、工程、管理等措施,有效预防了施工期造成的水土流失、水质污染。在工程运行初期本着"以开发促保护,以保护促发展"的建设和发展理念,认真做好水土、生物及人文资源的保护工作,对宜林宜草区域修复植被。在景区内禁止各种污染环境、造成水土流失、破坏生态的行为,禁止存放或倾倒易燃易爆、有毒有害物品,并按照有关要求有效处理垃圾、污水等。

四、景区规划编制及实施情况

《尼尔基水利风景区规划》已由水利部综合事业局新华国际工程咨询公司编制完成,并经景区所在地三市(县、旗)政府批准。目前根据近期规划,抓紧进行景区景点的工程建设。

五、景区管理状况

公司注册成立尼尔基水库旅游有限责任公司,配备专人负责景区管理工作。制定了《尼尔基水利风景区管理办法》《尼尔基水利风景区生态资源管理制度》《尼尔基旅游安全保护制度》《尼尔基应急措施》等 24 项规章制度。加强景区日常管理工作,严肃处理各种违法违规行为,保证水利风景区健康、有序、可持续发展。此外,水利部将联合黑龙江省、内蒙古自治区政府联合颁发《尼尔基水库管理办法》,使水库管理步入规范化、法制化轨道。

(本文写于 2007 年 2 月)

尼尔基水利枢纽征地移民
安置主要做法

尼尔基水利枢纽正常蓄水位 216 米,相应淹没面积为 498.33 平方千米。水库淹没涉及黑龙江省讷河市、嫩江县及内蒙古自治区莫力达瓦达斡尔族自治旗的 8 个乡镇 66 个行政村 208 个村民组。截至工程蓄水发电,尼尔基水利枢纽共新建移民集中安置点 76 个(讷河 42 个、嫩江 17、莫旗 17);库区动迁移民 15 292 户 57 113 人;坝区动迁移民 252 户 916 人;新址征地 26 696.73 亩,场地平整 23 552.67 亩;专项工程完成等级公路 170.67 千米、等外公路 132.91 千米、10 千伏输电线路 564.44 千米、电信光缆 193.72 千米等;完成移民安置补偿资金总投资 482 565.15 万元。尼尔基水利枢纽征地移民安置工作满足了大江截流、水库下闸蓄水、首台机组并网发电等工程建设节点需要。主要做法如下所述。

一、建立管理体制机制

征地移民安置工作是一项政策性很强的系统工程。移民安置工作顺利与否,不仅关系到工程进展,而且关系到社会稳定。尼尔基水利枢纽移民安置在管理体制上,实行"黑龙江省、内蒙古自治区政府负责,县级政府实施,业主参与管理,水利部行业指导"的管理体制。由嫩江尼尔基水利水电有限责任公司(以下简称尼尔基公司)与两省(自治区)签订《尼尔基水利枢纽工程移民安置及补偿投资包干协议》,明确各方责任,分级管理。尼尔基公司下设环境移民处为日常办事机构,代表业主行使日常管理职能。两省(自治区)、三县(市、旗)政府设立移民办办事机构,负责所在地区日常征地移民工作。在安置方式上,由于尼尔基水利枢纽地处偏远北方,地多人少,故移民安置采取"后靠、远迁、投亲靠友相结合"方式,以尽可能减少投资和工作难度。在管理方式上,尼尔基公司与黑龙江省、内蒙古自治区签订了移民安置及征地补偿投资包干协议,下级对上级负责,上级对下级监督和管理,有效地发挥了各级政府的积极作用,增加了移民安置管理工作的权威性,从而保证了移民安置工的顺利开展。

二、充分发挥业主主导作用

尼尔基水利枢纽建设当中业主是项目法人,负责工作进度、质量、资金控制作用。尼尔基水利枢纽征地移民安置虽然实行移民安置及征地补偿投资包干使用,但业主仍然不能以包代管,必须对移民征地安置工作发挥好组织、协调、监督等主导作用。

为了加快移民征地安置工作进度,提高移民工程施工质量和实施效果,尼尔基公司会同内蒙古自治区和黑龙江省移民办、三个县(市、旗)移民办(局)、移民监理等单位,定期召开尼尔基工程移民工作会议、现场协调会议等,听取了各地移民工作的情况汇报,对存在的问题进行了研究落实,提出了具体解决措施,对年度工作进行安排部署,并赴库区对移民新村建设进行检查,形成会议纪要。每年协调地方、设计、监理等单位召开各种协调和现场会议上百次,及时解决移民安置工作中存在的疑难问题及移民信访问题,为移民安置工作顺利进行创造条件。

为了加强移民工作的计划管理,确保年度计划顺利完成,尼尔基公司每年会同两省(自治区)编制年度移民安置建议计划,上报董事会审定后组织实施,按移民安置工作进度分批下达投资计划,满足移民安置进度要求。两省(自治区)移民管理部门加强计划管理,按年度计划逐级下拨计划资金,并按计划项目组织实施。为了规范预备费审批和使用程序,制定了《尼尔基水利枢纽工程移民补偿投资预备费使用管理办法》,明确了预备费使用审批程序、范围及项目,保证了移民安置工作的正常开展。各级移民管理部门根据国家有关规定,结合各地实际情况,建立健全了财务管理制度,配备专职财会人员,为搞好移民资金使用管理发挥了重要作用。

坚持移民项目技施设计成果会审制度。依据包干协议的职能,由尼尔基公司会同两省(自治区)移民管理部门、监理和设计单位,对技施设计成果(设计文件、预算、图纸)进行会审,重点对设计依据、标准、规模,以及概算编制依据及取费标准等进行审核,并形成纪要,由实施单位组织实施。对于一般性变更,如实物量错漏登问题,在地方移民部门核实的基础上,由尼尔基公司会同地方、监理和设计单位进行联合复核,并组织会审后确认。对于移民规划、土地等重大变更由两省(自治区)负责委托国家有资质的部门进行咨询,提出咨询意见,由设计单位提出设计变更,经尼尔基公司组织专家评估报上级部门审批后实施。

为了加强移民项目验收管理,促进移民项目验收工作的制度化和规范化管理,根据水利工程验收规程,结合移民工程实际情况,会同两省(自治区)移民主管部门,制定了《尼尔基水利枢纽移民安置单项工程验收规程(试行)》和《尼尔基水利枢纽工程移民安置年度阶段验收暂行办法》,明确了单项工程验收项目划分、验收条件,年度阶段性验收依据、验收范围、项目及内容、程序、评定标准、组织形式等,为竣工验收创造了条件。

三、充分发挥移民监理协调作用

尼尔基水利枢纽移民安置实行移民监理制,是东北地区第一个实行移民监理的工程。移民监理部还在莫旗、讷河、嫩江三县(市、旗)成立了3个监理站,配备监理人员20人,其中总监1人,副总监3人,负责对移民安置规划设计、移民工程施工、移民搬迁、生产生活安置、移民新村房屋、供水、排水、供电、通信、道路以及补偿费用兑现等进行监理。移民监理坚持现场工作制度,向各方反馈监理意见,定期编报监理月报、年报。

结合尼尔基水利枢纽实际,建立了由移民监理、专项监理以及各级移民机构、乡村干部和移民代表组成的质量监督体系,同时完善政府质量监督机制,保证了移民工程质量。

尼尔基水利枢纽还委托移民监测评价单位,对移民安置实际进度、社会经济和移民安置效果进行评价,定期编制评价报告,为有关主管部门决策提供依据。为切实开展技施设计工作,移民安置技施设计实行设计代表制,由专职副设总负责,在三县(市、旗)派驻设计代表,在现场处理解决设计变更和有关技术问题。

四、强化移民干部素质提升

历来移民工作是"老大难",需要一大批高素质移民干部的无私奉献。为加强移民干部培训,提高移民干部业务水平,尼尔基公司和两省(自治区)各级移民部门每年组织移民干部培训、考察学习,着重对党和国家有关移民方针政策及移民生产生活安置、资金管理、项目管理和竣工验收等业务学习。

移民信访工作是库区移民社会稳定的一项重要工作,移民干部是党和政府联系移民群众的桥梁和纽带。各级移民机构十分重视移民信访工作,明确专人负责,及时解决处理移民来信来访问题。各级移民干部本着对国家和移民负责的态度,做了大量耐心细致的工作,认真对待来信来访移民,对符合政策的问题及时协调解决,对不符合政策规定的,做好解释宣传工作。据统计,每年至少接待移民上访百余人次,为当地社会稳定做出了重要贡献。

(本文写于 2006 年 7 月)

环境保护与工程建设两手抓

可持续发展水利思路的核心是人与自然和谐相处。尼尔基公司在枢纽工程建设伊始,就将工程建设与环境保护放在同等重要的位置,同步规划、同时建设,通过打造绿色工程,很好地诠释了"建设一个工程,美化一处环境,造福一方百姓"治水理念。

任何一项水利工程的本质都应该是生态工程,水利工程建设在改变自然的同时不仅不能以破坏生态为代价,还要促进当地生态与环境的改善。尼尔基公司不但把尼尔基水利枢纽建成一座生态工程,而且将其建成一座绿色工程,以枢纽工程为核心向周边辐射,形成一个人水和谐的水利风景区。为了贯彻实施这一环保理念,实现建设绿色水利风景区的终极目标,工程建设单位在加强对环保工作的领导,增加环境治理资金投入的基础上,自 2001 年 5 月起,会同地方有关部门,结合工程实际情况,先后编制了《尼尔基水利枢纽工程施工区环境保护管理办法》《尼尔基水利枢纽工程库区和移民安置区环境保护管理办法》。明确了业主、监理、承包商和地方有关部门的具体职责,特别是要求各施工单位采取必要的植物、工程等措施,加强施工区环境管理,预防和治理由施工或其他活动所造成的水土流失,保护和合理利用水土资源。通过加强制度建设和规范化管理,为改善施工区生态环境奠定了基础。

尼尔基公司把枢纽施工区日常环境管理作为一项行为准则,并将其列为评定优质工程和创建文明工地的一项重要指标,以此来增强各施工单位的环境意识。各施工单位按照要求建立健全了相应组织机构,制定了规章制度,配备专人负责定期报送《环境保护月报告》。同时,公司充分发挥了业主作用,制定了例会制度,及时解决施工期环保方面出现的问题,加强检查和监督力度,使环境管理工作更加规范化和制度化。公司环境部门同监理单位经常深入工地现场,对施工单位环境保护工作进行检查、监督和指导。发现问题及时以监理通知书的形式进行通报,要求限期整改。通过共同努力,一些较为突出的环境问题得到了重点解决。如工程施工现场气候干燥,施工扬尘现象突出,不仅造成了施工现场的环境污染,也对附近居民正常的生产生活产生了一定影响。针对这一问题,环保人员多次深入现场了解情况,协调施工单位,召开专项会议研究采取有效措施加以解决,并取得了比较理想的效果。再如,工程建设需要大量混凝土,生产废水排放量巨大,虽经三级沉淀处理,入江浓度仍然超出国家排放标准,对尼尔基镇水源地形成较大威胁。针对这一问题,建设单位特约有关专家进行了现场咨询,并提出了相对可行的处理方案,较好地解决了这一问题。此外,还与尼尔基镇政府积极沟通,联合修建了垃圾堆放场,不仅解决了施工区生活垃圾排放问题,而且使尼尔基镇居民部分的生活垃圾得以妥善处理。

尼尔基水利枢纽工程被列为全国第一批重点工程环境监理试点单位,同时也是松辽流域第一个在建设期间开展水土保持监测的水利工程。公司委托黑龙江省水土保持监测站,承担了尼尔基水利枢纽工程建设期水土保持监测任务,并于 2003 年 7 月下旬编制完成了监测工作大纲,正式进场开展监测工作。同时,由江河水利水电咨询中心承担的环境与水土保持监理工作也发挥了应有的作用。

经过 5 年来的建设,尼尔基水利枢纽主体工程基本完工,水利枢纽周边地区的环保规划也在紧锣密鼓地进行。目前,施工区近 16 万平方米的原沙滩地上已绿树成荫,过去肆虐的风沙已得到了有效治理,大大改善了本区的生态环境。尼尔基基地办公区内几幢欧式风格的楼房错落有致,草坪、观赏树木散落其间,体现着庄重和谐之美。坝前、坝后、电站周围,几个寓意深刻的主题公园也正在筹划之中。一个逐步走向完善的绿色水利风景区已现端倪。

未雨绸缪,早虑不困。为使尼尔基水利枢纽工程建设管理实现可持续发展,建设单位已经着手开展环境保护和管理的科学研究工作,先后与松辽流域水资源保护局等单位合作开展了"尼尔基水利枢纽初期下闸蓄水期对坝址下游环境影响与对策研究";委托吉林宏达科技开发有限公司承担了"尼尔基水利枢纽库区环境管理信息系统研究"项目的开发,以及如何加强对水库消落区的土地利用管理以及发展库区航运和旅游业时的防污、治污等环境管理课题。

通过工程建设与环境保护两手抓,尼尔基水利枢纽环境保护取得了可喜成绩,顺利通过了环保部主持的环保验收和水利部主持的水保验收。

(本文写于 2006 年 7 月)

用数据证明尼尔基工程效益

尼尔基水利枢纽工程开工建设以来,有许多人士认为投资过大,淹没面积过大,经济效益不明显,对工程建设提出质疑。我们作为尼尔基水利枢纽工程建设者,目睹了工程建设5年来,特别是工程进入运行以来,无时无刻不发挥着显著的经济、社会和生态效益。数据是最好的佐证。

一、2.48亿立方米:牺牲自身经济利益,支援下游春灌

2006年开春以来,嫩江流域来水量持续偏枯,为满足农业灌溉需要,应黑龙江省水利厅和齐齐哈尔市政府要求,在松辽委的协调下,水库从2006年5月6日开始加大泄流量,5月10日,导流底孔闸门开度调整到1.6米,泄流量达到125立方米每秒,至5月31日,共向下游放流2.48亿立方米,其中水库向下游补水0.298亿立方米。

二、1.0立方米:向松花江紧急提供环境用水

2005年11月13日,中石油吉化公司双苯厂胺苯车间发生爆炸事故,导致松花江流域水质污染,特别是哈尔滨市居民生活用水受到影响。为减轻松花江水污染程度,按照国家防汛抗旱总指挥部指令和松辽委调度指令,水库以125立方米每秒流量向下游放流,从2005年11月22日晚至12月1日共向下游放流1.0亿立方米,其中水库向下游补水0.731亿立方米。

三、5.5亿立方米:最大限度地满足下游城市工业及农业用水

为了满足大庆市、齐齐哈尔市城市工业生活及农业用水需要,据不完全统计,水库下闸蓄水后,从2005年11月至2006年5月初,共为齐齐哈尔市提供用水1.162亿立方米,其中水库补水0.49亿立方米。至目前,尼尔基水库已向下游无偿供水5.5亿立方米(其中在枯水期、春灌期调节水量为1.504亿立方米),发挥了巨大的社会效益。

四、43.9亿立方米的补偿供水:为抗击东北地区遭遇的连续三年干旱做出了重要贡献

自2006年7月投产发电以来,尼尔基水利枢纽充分发挥了水利工程调节供水能力,在嫩江流域发生连续三个枯水年的情况下,保证了下游城镇生活和工农业供水需求,特别是2007年嫩江流域发生新中国成立以来特大干旱,入库水量仅为32.9亿立方米,为多年平均来水量的31.4%,全年出库水量56.16亿立方米,补偿供水26.25亿立方米,满足了春季农业抗旱和下游城市用水要求。2008年1~5月,入库水量3.68亿立方米,为满足下游农业灌溉和扎龙湿地补水要求,增加放流,出库水量9.98亿立方米,补偿供水量6.30亿立方米。2009年4月以来,由于持续高温少雨,水库下游嫩江沿岸发生特大旱情,为满足春季农业抗旱播种和下游城市用水要求,水库加大供水泄量,从4月23日至6月8日,入库水量8.71亿立方米,出库水量20.11亿立方米,为下游补偿供水11.40亿立方米,在抗旱关键时期为嫩江流域重旱区提供了水利支持。

五、3.2亿元:尼尔基工程拉动地方经济发展

2001年尼尔基水利枢纽开工建设以来,给莫力达瓦旗带来直接财政收入3.2亿元。据2004年统计,当年莫力达瓦旗国内生产总值达到26.99亿元,较2001年增长15.31亿元;2004年财政收入1.98亿元,较2001年增长0.95亿元。此外,工程建设使该旗辐射力和利用外资水平不断提高,2004年招商引资额3.89亿元,较2001年前增加1.89亿元。

六、4 004栋:改变移民乡镇人居环境,推动经济增长方式转变

通过工程移民,莫力达瓦旗新建两个移民新镇,统建新房4 004栋。道路与水电配套设施同步建设,极大地改善了移民村镇生产生活质量。此外,该旗4个移民乡镇的农民利用补偿资金进行产业结构调整,在此引导下畜牧业、特色种植业达到大力推广,产业结构调整初见成效。

七、4 556人:尼尔基工程建设期间带动第二、三产业迅速发展

尼尔基工程的开工建设,带动了周边地区第二、三产业迅速发展。其中,内蒙古莫力达瓦旗餐饮、娱乐服务与矿产、水泥、砖瓦等制造业发展迅速。2004年全旗工业企业达到50个,较开工前增加26个,工业产值达到4.3亿

元,较开工前增加 2.8 亿元。到 2004 年底,个体经营户较开工前增加 1 700 户,增加从业人员 4 556 人,年营业收入增加 4.87 亿元。黑龙江省甘南县平阳镇借枢纽工程开工之际,发展餐馆 32 家,浴池理发店 12 家,年营业额达到 800 万元。两家濒临倒闭的砖厂起死回生,全镇棚室蔬菜种植面积达到 8 万平方米。

八、18 万人次:提高了周边地区知名度,拉动了旅游业发展

尼尔基水利枢纽的开工建设提高了周边地区的知名度,特别是利用水库补偿资金建成的中国达斡尔民族园,更为莫力达瓦旗旅游业发展带来了生机。2004 年以中国达斡尔民族园为代表的旅游景区 13 处,旅游人数达到 18 万人次,旅游收入 3 350 万元。尼尔基水库建成后形成的 500 多平方千米的湖面,不仅调节了局部地区气候和空气湿度,改善了周边地区生态与环境,而且带来了广阔的发展前景。

九、1 桥 3 路:尼尔基工程使周边地区交通环境得到明显改善

尼尔基水利枢纽建设期间,尼尔基公司出资建设了横跨嫩江的坝下交通桥,解决了内蒙古莫力达瓦旗与黑龙江讷河市交通"瓶颈"问题,同时还修通了莫旗通往讷河火车站的混凝土路。此外,公司在修建了北环路 1 189 米和东外环路 543 米的基础上,还出资支援修筑尼尔基镇 8 车道主干道 800 米。同时,莫旗利用补偿资金修建了新线尼—莫段二级柏油路,接通了 111 国道那—尼段柏油路和腾—大段柏油路,基本形成了以尼尔基镇为中心,以 111 国道为主动脉,12 条旗乡道路为支线的公路交通网络,为当地新农村建设提供了强劲动力。

十、3.58 亿元:取得了较好的发电收益

尼尔基水电站抓管理、保安全、创效益。2006 年结算发电量 1.78 亿千瓦时,发电收入 0.34 亿元;2007 年结算发电量 3.26 亿千瓦时,发电收入 0.73 亿元;2008 年结算发电量 1.31 亿千瓦时,发电收入 0.47 亿元;2009 年结算发电量 5.17 亿千瓦时,发电收入 2.04 亿元。

(本文写于 2010 年 2 月)

辩证地看效益

2011年,尼尔基工程发电5.89亿千瓦时,税后销售收入1.89亿元,偿还银行贷款本金后,仍为亏损。这是自2006年工程建成之后,连续五年"负盈利"了。但是,贯彻落实中央水利工作会议精神,对于类似尼尔基工程这样一个准公益型水利工程来说,不仅要看工程本身是否取得较好的经济效益,而且要看工程是否发挥出巨大的社会效益。这就好比工程社会效益是事关国家利益,而工程本身经济效益是集体利益一样,只有正确处理好国家利益与集体利益、全局利益与局部利益的辩证统一关系,凸显其公益性作用,才更加符合中央水利工作会议精神。

中央水利工作会议指出:水利不仅关系到防洪安全、供水安全、粮食安全,而且关系到经济安全、生态安全、国家安全。这"六个安全"凸显了水利的公益性、基础性、战略性。所以,贯彻落实中央水利工作会议精神,准公益型水利工程必须首先突出抓好"主业"——充分发挥防洪抗旱、居民用水、生态环境等社会效益。

尼尔基工程于2001年6月开工建设。经过全体工程建设者的团结一心、顽强拼搏,于2006年底全面完工,取得了工程建设质量、进度双丰收,在东北大地上又耸立起一座治水丰碑。

尼尔基工程的建成,使嫩江松花江防洪标准大大提高。若再遇类似'98嫩江松花江特大洪水,可以有效避免嫩江干流溃堤灾害发生,若与第二松花江上的白山、红石、丰满水电站联合调度,可大大减轻松花江干流哈尔滨、佳木斯等城市和地区的防洪压力及洪灾损失。

尼尔基工程的建成,使嫩江松花江流域工农业生产、城镇居民饮用水、生态用水保证率大大提高。自尼尔基工程2005年9月下闸蓄水至2006年7月首台机组发电,短短10个月的时间,通过导流底孔和溢洪道几次为下游无偿供水累计5.6亿立方米,为缓解吉化公司双苯厂爆炸事故造成的水污染,及齐齐哈尔市、大庆市城镇居民生活用水等做出了突出贡献。首台机组发电之后,充分发挥其调蓄功能和水资源配置作用,改变了嫩江来水年内分配不均匀的特点。截至 2011 年底共计为下游补偿供水 78.7 亿立方米,其中 2011 年补偿供水 19.21 亿立方米,为下游工农业生产、扎龙湿地补水、哈尔滨江段航运,尤其是为确保枯水期农业灌溉,实现国家粮食安全目标,提供了可靠的水利支撑。治水成果真正惠及到了嫩江松花江流域人民。

然而,业内人士周知,由于近年来嫩江流域天然降水量一直偏少,特别是 2007 年、2008 年来水量仅为历史平均水平的三分之一;国家批准电价执行晚,且远远没有达到设计电价水平;银行贷款利率多次提高,还本付息额度加大,大大增加了运行成本等诸多原因,因此尼尔基工程运行管理出现了极大困难,甚至出现过因不能及时偿还银行贷款,而被封存账户、停发工资的现象。的确,尼尔基工程本身的经济效益在同行业当中"比较差"。但即使这样,松辽委和尼尔基公司仍然把工程社会效益放在第一位,牢牢把握工程运行管理这个中心不动摇,顾大局,识大体,适时调整下泄流量,牺牲了水库自身仅有的发电效益,确保了下游各业用水需要。这不能不说是贯彻落实党和国家水利方针政策的典范。

特别是中央一号文件出台后,松辽委和尼尔基公司深入研究影响工程良性运行问题,主动破除"等靠要"思想,提出了改革发展目标、任务和措施。一年来,通过全体干部职工的共同努力,不仅实现了防洪安全、供水安全和发供电安全的"三个安全"工作目标,发挥了尼尔基工程在防汛抗旱方面的不可替代作用,而且通过积极搞好机制创新,狠抓队伍建设,注重精细管理,取得了一定的发电效益,为确保工程安全运行提供了可靠保证。做法值得肯定,经验值得总结,成绩可圈可点、可喜可贺。

实践证明,无论水多水少,对于准公益性水利工程来说,都必须把社会效益放在第一位。水多,社会效益要体现在防汛上,把洪灾损失减少到最低限度,同时科学利用好洪水资源,做到趋利避害;水少,社会效益要体现在抗旱上,把有限的水资源配置到事关百姓生活、工农业生产、生态环境等民生上。只有做到防汛抗旱两手抓、两个成果一起要,才能创造良好的社会效益。同时,要通过有效的方式和手段提高工程本身的经济效益,落实好工程运行的基本支出费用,使工程永远处于良性运行状态。所以,这就更需要我们落实好中央水利工作会议精神,加快水利工程建设和管理体制改革,形成水利工程良性运行机制。要"区分水利工程性质,分类推进改革,健全良性运行机制",要"落实好公益性、准公益性水管单位基本支出和维修养护经费",为工程良性运行创造必要条件,真正践行科学发展观和实现水利发展新跨越。

其实,辩证地看待水利工程社会效益和经济效益,正确处理好局部利益与全局利益关系,始终心系全局、登高望远、统筹兼顾,这也是对各级水利部门尤其是水管单位领导干部决策能力和执政水平的一种考验。水利工作与民生息息相关,水利工程更要坚持以人为本,"树立一种发展理念,倡导一种价值取向,确立一种实践要求,实现一种目标追求",用实践诠释好水利工作"为谁干""怎么干"的问题。

(本文写于 2012 年 6 月)

注重新技术新工艺研制应用

尼尔基水利枢纽工程位于北方高寒地区,施工期短,每年不超过 6 个月。自 2001 年 6 月工程开工以来,工程建设进度、质量、投资得到了有效控制,取得这样的成绩,是与工程建设者们注重新技术、新工艺开发与应用分不开的。具体应用开发了以下新技术、新工艺。

一、沥青混凝土心墙堪称之最

尼尔基水利枢纽主坝全长 1 807.31 米,是我国北方寒冷地区第一个采用碾压式沥青混凝土防渗结构的土石坝工程。无论从工程规模还是从新技术应用,都堪称国内之最。沥青混凝土心墙处在坝体内部,在 200 米高程以下厚度 70 厘米,在 200 米高程以上厚度 50 厘米,成墙面积 6 万余平方米,下接混凝土防渗墙底座上,右坝头与发电厂房翼墙、左坝头与左副坝灌溉洞混凝土建筑物的连接,都采用扩大接头断面和止水铜片的双重防渗措施,形成了沥青混凝土心墙和周边建筑物相结合完整的防渗体系。混凝土具有很好的防渗性能、塑性和柔性、温度稳定性和耐久性,能适应坝体的沉陷和变形。

承担该项施工任务的是北京振冲工程股份有限公司。由于施工过程机械化程度高,他们专门引进了国外沥青混合料摊铺机和技术先进的振动碾等进口设备,采用了国内先进的矿料加热设备及沥青混合料拌和楼等。心墙正式施工前,首先对原材料和沥青混凝土的配合比经室内试验推荐、现场摊铺试验和生产性试验,最后选定施工配合比和各道工序的施工工艺参数,确保了沥青混凝土心墙的施工质量。

二、改进拔管技术创佳绩

尼尔基水利枢纽工程的主体防渗墙工程施工工期不足 130 天,最高月成墙达 13 200～15 000 平方米,大大超过长江三峡二期围堰防渗墙月成墙 7 200 平方米的强度,其施工强度之高,工期之短,在国内尚属首次。按照常规施工工艺完成施工任务难度很大。承担该施工任务的中国水利水电基础工程局,投入了大量的人力和物力,专门研制应用的 BG 350/800 型拔管机,最大起拔力 350 吨,可适用于厚度不大于 800 毫米的防渗墙施工,最大深度可超过 40 米,属于国内首创,为完成这一艰巨任务立下了汗马功劳。

混凝土防渗墙接头采用拔管施工具有工效高、成本低的特点,但由于技术难度大、施工风险高,这项技术在国内一直没有大量应用。与以往的拔管机相比,BG 350/800 型拔管机具有四个特点:一是拔管采用直接方式,避免了抱管提升方式对管体的径向挤压变形,使管体始终处于良好的受力状态;二是采用双油泵工作方式,控制了混凝土与管壁凝聚力的过度增长,避免了铸管现象发生;三是液压站采用温度、压力补偿调速阀,使四个油缸始终处于同步工作状态,受力同步的设备不易受损,增强了设备的可靠性;四是管体接头采用单销连接方式,在起管过程中连接部位始终处于拉力状态,几乎不存在剪应力,增加了接头的安全性,同时便于拆装作业。

三、预应力锚索在溢洪道闸墩上的应用

溢洪道属于一级建筑物,其设计洪水标准为千年一遇洪水($p = 0.1\%$)。采用岸坡开敞式,布置在右岸岸坡上,由进水渠、控制段、泄槽、消力池及出水渠组成。采用 WES 型堰面曲线,设计 11 孔,单孔净宽 12 米,弧形闸门尺寸为 12 米×19 米。溢洪道采用底流消能形式,消力池由三部分组成:斜坡段、消力池、护坦,护坦末端单宽流量($p = 0.1\%$)59.28 立方米每秒。

由于尼尔基水利枢纽溢洪道弧形闸门推力大,闸墩混凝土易出现裂缝,将影响溢洪道的正常运行。在技施设计阶段,溢洪道闸墩采用了预应力锚索技术,同时对闸墩支座混凝土锚块结构形式进行了合理的优化,既改善了闸墩混凝土应力分布形式,避免了闸墩混凝土出现裂缝,也大大减少了钢筋用量。闸墩支座混凝土锚块结构布置形式国内少有。

四、采取液压滑升模板新工艺

尼尔基水电站厂房混凝土浇筑总量 36 万立方米,且主要浇筑量集中在 2002 年、2003 年。为提高混凝土施工质量和进度,承担该项工程的中国水利水电第六工程局,采取了先进的液压滑升模板新工艺,优化等截面混凝土施工技术和工艺。滑模采用复式钢架梁结构,其优点是一次性支模,从底到顶连续浇筑,日滑升高度为 2.5 米,混凝土没有施工缝,外观平整光洁,施工进度和质量得到了保证。创混凝土日浇筑量 2 260 立方米最高纪录。

五、推广钢筋接头连接新技术

在水利水电工程建设中,钢筋接头连接一直采用焊接的传统工艺。2003年厂房项目钢筋加工绑扎量达 4 800 吨,采用焊接方法耗时长,不能满足施工进度要求。中水六局现场工程技术人员经过科学、严谨的论证,推广了"机械连接钢筋接头"新技术和新工艺。该技术采用滚轧直螺纹对接的方法,不仅技术先进、操作方便、性能可靠、满足环保要求,而且大大提高了工时工效。

六、冲击反循环钻机的研制与应用

尼尔基主坝防渗墙施工期短、地质条件复杂。为了能够赶在大坝填筑之前完工,承担防渗墙施工任务的中国水电基础工程局,成功研制了 CZF 系列冲击反循环钻机,并应用于尼尔基主坝防渗墙施工项目,为工程建设做出了重要贡献。这种钻机特别适用于深厚漂石、孤石等复杂地质条件下施工,而且施工成本远远低于抓斗和液压铣槽机,工效比老式钻机提高了 1 ~ 3 倍。目前,CZF 系列冲击反循环钻机仍在在建工程如四川瀑布沟水电站、西藏直孔水电站等基础处理工程上发挥主力军作用。

七、提早建成水情自动测报系统

尼尔基水利枢纽水情自动测报系统于 2002 年 8 月 1 日建成并投入试运行。该系统包括 1 个中心站、8 个水文遥测站、2 个水位遥测站,各遥测站自动实时采集水位、流量、雨量参数,分别通过太平洋和印度洋上空的海事卫星转发到中心站,中心站的工作站根据软件编程,自动生成时段、日、旬、月、年水文参数图表,同时中心站可以实时监测各遥测站工作状态。

水情自动测报利用水文、电子、电信、传感器和计算机等多学科的最新成果,用于水文测量和计算,大大提高了水情测报速度和洪水预报精度,改变了传统的仅靠人工测量的落后状况,扩大了水情测报范围,提前了洪水预见期,对江河流域、水库安全度汛和电厂经济运行及水资源合理利用等方面都能发挥重大作用。

八、厂房混凝土施工采用温控新工艺

进入夏天高温季节,尼尔基水利枢纽工程对混凝土施工提出了温控要求。为了既保进度,又保质量,经过施工单位反复研究和设计,并报请业主等单位批准,采用冷却水管埋设温控的新工艺。此工艺在大体积混凝土仓号中呈蛇

形埋没 1 寸钢管,浇筑时混凝土覆盖钢管后开始通水冷却,水流速控制在 0.6 立方米每秒,每天改变一次水流方向,冷却时间为 10 ~ 15 天。一般大体积混凝土浇筑分层控制在 1 ~ 2 米,而埋设冷却水管后混凝土分层厚度可增加到 3 米一层,从而提高了大体积混凝土浇筑的施工进度,并有利于混凝土表面的散热,降低混凝土水化热,防止或减少因温度原因所产生的裂缝,确保混凝土质量。

九、混凝土抗裂克星用于混凝土浇筑

混凝土抗裂克星——砂浆混凝土抗裂合成纤维用于尼尔基水利枢纽工程厂房蜗壳混凝土浇筑。蜗壳共需混凝土 29 050 立方米,需要 28 吨抗裂合成纤维。使用抗裂合成纤维能有效地提高混凝土抗拉性、抗裂性,尤其是能有效抑制贯通裂缝的产生,提高砂浆和混凝土的防水抗渗、抗冲耐磨性能,还能使混凝土建筑寿命延长,减少工程维护费用。

巍巍铁壁缚蛟龙,高新技术显神威。在尼尔基水利枢纽工程建设中,正是各参建方组织强有力的专家技术力量取得了一系列重大技术突破,研制应用了许多先进技术和施工工艺,才为建设精品工程的目标提供了技术保障。

(本文写于 2005 年 12 月)

十谈工程建设与管理

一、实现水利跨越式发展　工程建设管理尤显突出

2011 年中央一号文件聚焦水利,从党和国家事业全局出发,对水利改革发展做出了全面部署。认真贯彻落实中央一号文件,努力实现水利跨越式发展,是我们面临的一项重要而紧迫的战略任务。

努力实现水利跨越式发展,水利工程建设与管理尤显重要。水利工作的落脚点,就是水利工程能否建好、水利工程能否发挥作用。水利对于经济社会发展的基础性作用,主要体现在水利工程的建设与管理上。水利工程建设与管理工作关系到经济社会发展和人民生命财产安全,尤其是防洪工程、供水工程和发电工程的运行,更是直接涉及受保护地区或服务地区人民群众的切身利益。我们一定要充分认识做好水利工程建设与管理工作的重要意义,增强做好水利工程建管工作的责任感、使命感和紧迫感,切实把各项工作落在实处。

这些年尤其是近年来,水利建设与管理工作按照中央水利工作方针和水利部党组可持续发展治水新思路,锐意改革,不断开拓,狠抓落实,勤奋工作,取得了显著的工作成效。但是,水利设施薄弱仍然是国家基础设施的明显短板,尤其是水利工程建设与管理工作面临着不少困难和问题,水利工程老化失修,工作理念比较落后,建管方式较为粗放,水管体制改革滞后,水利信息化步伐较慢,基础性工作比较薄弱等。迫切需要我们高度重视,采取有效措施,尽快加以解决,使水利工程建设与管理走在水利发展的最前列,推动水利实现跨越式发展。

中央一号文件明确了水利改革发展目标任务,今后 10 年全社会水利年平均投入比 2010 年高出一倍,从根本上扭转水利建设明显滞后的局面。特别是提出要加快水利工程建设和管理体制改革,深化国有水利工程管理体制改革,深化小型水利工程产权制度改革,对非经营性政府投资项目,加快推行代建制等。2011 年 5 月召开的全国水利建设与管理工作会议,提出要着力构建四个

体系:一是着力构建以骨干枢纽工程为龙头、蓄引提调拦滞排功能齐全、大中小微工程配套,建设达标、质量可靠、运行安全、效益持久的现代水利工程设施体系。二是着力构建职能清晰、权责明确、人员精干、技术先进、科学规范、安全高效的现代化水利工程管理体系。三是着力构建制度健全、措施完善、严格规范、监督有力、协调高效的水利工程质量与安全监管体系。四是着力构建法律完备、机制完善、规划科学、监督有效、水源可靠、丰枯相济的河湖健康保障体系。

这些目标任务、政策措施的出台,对水利工程建设与管理工作提出了更高的要求,为水利工程建设与管理体制改革指明了方向。我们一定要清醒地看到,今后一个时期,水利建设投资高、规模大、项目多、任务重,尤其是量大面广的民生水利项目,很多由基层水利部门承担,给水利工程建设与管理工作带来重大考验。我们必须针对大规模水利工程建设的新特点,进一步规范基本建设程序,不断创新建管机制,加快完善法规制度,充实建管力量,强化质量和安全监督,严格资金使用管理,加强项目验收管理,确保大规模水利工程建设的进度、质量、安全和效益。我们必须加强水利工程建设管理,切实落实"三制",加强水利工程建设领域监督管理,建立健全水利工程建设项目质量和安全管理体系,强化建设各方责任,实行质量终身负责制;狠抓安全生产,防止发生重特大质量安全事故。我们必须下大决心,花大气力,深入推进水利工程运行管理体制改革,解决水利工程运行管理体制不顺、机制不活、机构臃肿、效益衰减等突出问题,合理"两定",落实"两费",为水利工程安全可靠运行提供有力的体制机制保障;进一步落实水库大坝安全管理责任制,不断完善水库调度规程和安全预案,确保工程运行安全和效益充分发挥。我们必须着力建设现代化的工程体系,着力实施科学化的工程调度,着力完善系统化的法规标准,着力推进规范化的工程管理,着力提高信息化工作水平,推动水利工程运行管理再上新台阶。我们必须切实加强领导,精心组织,强化协作,精益求精,特别是要大力发扬"献身、负责、求实"的水利精神,继续发扬老一辈水利工作者顽强拼搏、攻坚克难、无私奉献的工作作风,确保"四个安全",确保工程优良、干部优秀,确保建设好、管理好、运行好、维护好水利工程。

目标已经明确,蓝图已经绘就,任务已经下达。我们要牢固树立和落实科学发展观,坚持可持续发展治水新思路,按照水利部党组的总体部署,贯彻落实中央一号文件和中央水利工作会议精神,加强建设管理,提高工程质量,强化工程管理,确保安全运行,以对历史和人民高度负责的精神,切实做好水利工程建设与管理,为实现水利跨越式发展做出更大贡献!

二、实现水利跨越式发展　水利前期工作是基础

贯彻落实中央一号文件、中央水利工作会议精神,实现水利跨越式发展,水利前期工作需加强。近日,陈雷部长在召开部务(扩大)会议上强调:要加强前期工作,确保前期工作经费需求,加大对前期工作的质量考核和奖惩力度,切实提高前期工作质量,为大规模水利建设奠定坚实基础。

一抓规划计划。水利规划计划工作作为水利工作的龙头和基础,必须充分体现中央一号文件、中央水利工作会议精神,必须符合跨越式发展新要求。水利前期工作搞好了,对水利跨越式发展将起到促进作用,反之就会制约水利跨越式发展。目前,《全国水利发展"十二五"规划》及七大流域综合规划正在修订和陆续上报国务院审批中,应根据新形势、新任务和新要求等需要,该修改的立即修改,该完善的马上完善,该补充的及时补充。修订完善规划计划,要坚持以下几点:在指导思想上,要以科学发展观为统领,充分体现中央一号文件、中央水利工作会议精神,积极实践新时期治水新思路,服从服务于经济建设中心工作,最大限度满足经济社会发展需求和提高人民生活质量;在目标任务上,要以防洪除涝安全、水资源供给安全、水生态环境安全为重点,基本建成防洪抗旱减灾体系、水资源合理配置和高效利用体系、水资源保护和河湖健康保障体系、有利于水利科学发展的制度体系;在基本原则上,要坚持民生优先、统筹兼顾、人水和谐、政府主导、改革创新,突出民生水利,注重协调发展,顺应自然规律,形成治水合力,加强薄弱环节,破解发展障碍;要注重规划的科学性,正确处理长远与近期、整体与局部、重点与一般、综合与专项、建设与管理等关系。

二抓勘测设计。勘测设计要有超前意识,强调科学性、前瞻性,能够指导工程建设方向和布局。在考虑工程建设项目时,除考虑好在建项目外,还要做好项目储备。对已经立项的,要抓紧做好初步设计;没有立项的,要考虑到前期工作有一定的周期,从项目建议书、可研性研究到初步设计,每一阶段都要细化深化、确保质量,确保一次审查通过,做到尽可能缩短时间周期,以适应跨越式发展需要。根据以往工程建设实践经验,要切实解决前期工作中存在的设计能力不足和设计质量不高的问题,尽可能避免设计变更过多,投资超概过大。特别是要搞好工程投资设计,优化投资结构,避免为了上项目而人为夸大经济指标,给工程运行期造成经济困境。要进一步建立健全设计市场化机制,大力推行设计招投标制度,采取公开竞争的方式选择承担任务的单位,可研阶

段尽量推行方案招标,初步设计阶段要普遍推行通过招标选择设计单位的办法。要加强设计合同管理,通过合同明确业主与设计甲乙方关系,通过合同明确前期工作任务、工作深度、完成时间、经费渠道和违约处罚等内容。设计单位要增强市场意识,彻底改变"老大"思想,始终把设计质量放在第一位,加强人才队伍建设,提高科技创新能力,快速提高设计成果质量,满足前期工作质量要求和质量保证。

三抓移民环保。跨越式发展,不等于大干快上,不等于牺牲资源、环境、安全及百姓利益来换取高速度,一定要始终坚持科学发展观,做到又好又快发展。水利前期工作一定要注重研究跨越式发展所面临的突出矛盾和问题,尤其是移民、环境、水保、生态等日益突出问题,必须做到"三同时",妥善安置工程移民,节约集约用地,加强对生态敏感目标的保护。要强化规划前期调研、咨询,加强设计成果审查和评估。要重视专家意见和建议,使前期工程成果更加科学合理。要做好前期工作民主管理,鼓励公众参与,特别是征地拆迁、移民安置等涉及民生内容,要向群众公开,使前期工作成果更加具有群众基础。

四抓基建程序审批。实现跨越式发展,加快工程建设步伐,不等于可以降低标准、减少审批环节。水利工程项目对经济社会作用巨大,但同时出了问题危害也大,所以从编制规划报告开始,到项目建议书审批,再到可研报告、初设报告审批,该走的程序必须走,该报批的手续必须报批,这是确保工程安全、生态环境安全、人民生命财产安全的需要。还要强化规划计划的严肃性,不折不扣地执行已经批准的规划计划,对于没有列入规划计划的项目,一律不予立项,充分体现规划的约束力。

按照中央一号文件、中央水利工作会议的战略部署,水利投资会大幅度增加,工程建设步伐会大步迈进。这对做好水利前期工作提出了更高要求。面对压力和挑战,我们一定要精心规划、精心设计、精心施工、精心管理,切实把水利改革发展各项政策措施落到实处,为实现水利跨越式发展做出应有贡献!

三、实现水利跨越式发展　工程投资到位是难点

中央一号文件制定和出台了一系列加快水利改革发展的新政策新举措,特别是在强化水利投入方面有了新突破。文件提出,要建立水利投入稳定增长机制,包括加大公共财政对水利的投入,加强对水利建设的金融支持,广泛吸引社会资金投资水利。特别提出要多渠道筹集资金,力争今后10年全社会水利年平均投入比2010年高出一倍。要进一步提高水利建设资金在国家固定资产投资中的比重,大幅度增加中央和地方财政专项水利资金,从土地出让

收益中提取 10% 用于农田水利建设;进一步完善水利建设基金政策,延长征收年限,拓宽来源渠道,增加收入规模等。

这些水利投资政策针对性强、标准明确、含金量高,是中央对水利改革发展的最大支持和扶持。实现水利跨越式发展,落实好这些水利投资政策是关键。由于水利投资绝大部分要用于水利工程建设,所以水利工程投资能否及时、足额到位最关键。只有认真落实中央提出的每一项投资政策,才能确保水利工程建设顺利进行,促进水利跨越式发展。

人们还清楚地记得,国家"十一五"发展计划后期,针对国际金融危机严重冲击,中央及时果断调整宏观经济政策,全面实施包括大规模增加中央投资带动 4 万亿元投资在内的应对国际金融危机一揽子计划。国家有关部门及时下达中央投资,集中用于加快民生工程、重大基础设施等建设,起到了扩大内需、稳定市场信心、调整结构、拉动经济增长的作用。然而在具体实施后期中央检查组发现,地方配套资金不能及时、足额到位是最普遍和最突出的问题之一,是影响中央投资项目实施的一个最重要因素。主要特点是前期地方配套资金到位率相对较好,后期到位率逐步下降;有的行业配套资金落实好,有的行业配套资金落实差,特别是一些民生和公益项目到位率较低。地方配套资金不能及时、足额到位,有地方财政困难等客观因素,也有主观努力不够的原因。事实上,有些省(区、市)包括一些配套能力并不强的西部省(区、市),严格按照中央扩大内需政策措施要求,通过统筹安排,科学调度,确保了地方配套资金足额到位或基本到位。但也有一些地方在分配政府资源时,存在明显的安排次序问题,没有把中央投资的民生和公益项目置于优先位置。事实上,这些年中央投资的水利工程项目,地方配套资金不能及时、足额到位时有发生,不仅影响了水利工程建设进度,也给后期运行管理带来不利影响。

水利工程投资能否及时、足额到位,关键还是一个思想认识问题。重视程度高,认识到位,就能积极安排好配套资金计划,并及时、足额下达资金。思想认识上出现偏差,当公益项目与产业项目在资金安排上发生矛盾时,就可能出现不正确的取舍,结果就会出现老百姓所喻的"政绩工程""钓鱼工程",实现水利跨越式发展也就成为一句空话。

确保水利工程资金及时、足额到位,一是要在中央投资安排上,进一步突出水利工程项目。要集中力量办好调结构、惠民生、促发展的水利项目,将中央投资更多引导用于水利基础设施建设。二是要全力落实中央投资项目地方配套资金,着力解决这个抑制水利工程建设的难点问题。各地要切实把思想统一到中央的决策部署上来,统一到中央一号文件、中央水利工作会议精神上来,千方百计落实水利投资政策,想方设法筹措工程配套资金。特别是省(区、市)级政府要充分发挥统筹能力,对本地区包括市县的中央投资项目地方配套投资落实工作负总责,充分挖掘地方财力,统筹安排、突出重点、优先民生、确保水利,全力保证中央投资项目地方配套资金的落实到位。三是要建立实施奖惩机制,把中央投资安排与地方配套资金到位率挂钩。对于上一年度配套资金到位率好的地区,优先安排和下达中央投资计划,对于干得好、干得快的地区要体现奖励;对于不重视民生项目、安排次序失当,主观上没有尽力而致使地方配套资金落实差的地区,本着实事求是的态度,在下一年度核减或暂缓安排中央投资,真正体现"真干的真支持,少干的少支持,不干的不支持"。四是建立起水利投入稳定增长机制,多种渠道筹措水利投资。要按照中央要求,切实把水利作为公共财政预算安排的优先领域,大幅度增加各级财政水利投资规模,充实完善中央和地方水利建设基金筹集政策,扩大基金来源和规模,完善有关财政补贴政策,用好从土地出让收益中提取10%用于农田水利建设的政策。要进一步拓宽水利投资渠道,不仅要努力建立中央和地方财政投入水利建设的新机制,还要加快研究制定吸引农民资金、信贷资金以及社会各方面资金投入水利基础设施建设的政策措施。五是要把资金使用情况作为监督重点,落实责任,严格考核,切实加强水利资金使用管理,确保资金安全。进一步加强中央建设投资预算执行管理,重点项目要实行专人负责制度,指派专人督导预算执行。要认真执行财政部的有关规定,健全专户专账等建设资金监管制度,采取财政直接拨付等有效方式,避免挤占、截留和挪用中央投资。对惠及民生的水利项目要向社会公示,接受群众监督。

资金到位是"牛鼻子",是关键是重点也是难点,一定要采取一系列强有力措施,确保水利工程资金及时、足额到位,为水利跨越式发展提供可靠保证。

四、实现水利跨越式发展 工程"四制"管理是保障

贯彻落实中央一号文件精神,实现水利跨越式发展,严格实行项目法人制、建设监理制、招标投标制、合同管理制,是加强水利工程建设与管理的保障。

工程建设"四制"当中,项目法人责任制是核心。实行项目法人责任制,是克服重建设、轻管理的有效途径。按照我国有关法律法规,工程建设项目法人对项目筹划、资金筹措、建设实施、生产经营、债务偿还和资产保值增值等,实行全过程管理并承担相应的责任。在过去计划经济时期,工程建设管理由政府包管,建设期成立临时工程指挥部,负责工程建设管理,大干快上,重建轻

管,造成了工程质量低劣、投资浪费、进度滞后等问题,教训十分深刻,不能不汲取。近年来,按照建立社会主义市场经济体制总要求,水利工程项目积极转换经营方式,推进项目法人责任制,实行建管一体化模式,强化了工程建设与管理,提高了工程质量和投资效益。当然,我们也必须清楚地看到,作为水利建设项目不同于一般性建设项目,有事业性项目法人,也有企业性项目法人,还有"代建制"临时机构。但不论什么性质的项目法人,都应当紧密结合自身实际,完善法人治理结构,建立起责任到位、监管有力、激励有效、管理规范和运转高效的建设管理模式,努力实现责、权、利相统一,建、管、用相一致的工程管理体制。只有这样,项目法人才能发挥应有作用,做到建管并重,加强工程建设与管理,促进水利跨越式发展。

我国1988年开始工程建设监理制试点,1996年在建设领域全面铺开。实践证明,实行工程建设监理制,促进了工程建设管理水平提高。但是,由于体制不顺、机制不活等诸多原因,监理的"三控制、两管理、一协调"作用没有得到很好发挥,特别是"三控制"之一的投资控制,基本上由"业主"代为管理。监理是服务于"业主"的咨询单位,代表"业主"依照法律法规及相关技术标准、设计文件、合同条款,对"承包商"在施工质量、工程进度、资金使用进行监督控制。监理工程师必须具备"正直、公正、诚信、服务"的职业理念,熟悉国际管理,掌握现代管理方法及手段,是具有较强监理艺术、业务水平、协调能力及管理经验的复合型人才。而现实情况却有很大差距。加强工程建设与管理,促进水利跨越式发展,必须向着小业主大监理方向努力,充分发挥监理单位的现场管理作用;同时监理单位必须大力加强监理工程师队伍建设,提高服务意识和管理水平,在严格执行法律法规和监理合同的前提下,发挥好监理作用,为业主管好工程施工。

自《中华人民共和国招标投标法》颁布以来,招标投标活动开展十分广泛,招标投标方法被多数人所熟知,确保了工程建设市场竞争公开、公正、公平。特别是我们水利行业相继出台了《水利工程建设项目招标投标管理规定》和监理、施工、勘察设计、重要设备及材料采购等方面一系列配套法规文件,更进一步规范了水利建筑市场。从过去招标投标制实施情况看,通过招标可使投标人之间产生竞争,达到货比多家、优中选优的目的,从而确保工程质量和进度,进而获得最优的投资效益。但也有不尽如人意的地方,如市场准入制度不完善、评标体系不健全、招标程序不规范、招标文件不严谨,甚至出现人为划小工程项目规避招标、投标单位联合"围标"、暗箱操作、明招暗定、权钱交易等违法违规现象。这些问题虽属个别现象,但造成的不良影响却是巨大的,是与水利跨越式发展不相适宜的。今后5～10年水利发展加快,工程项目开工增多,必须进一步规范招标投标行为,切实增强招标投标活动的规范性、客观性、公平性、公正性和权威性。一定要加大监督力度,纪检监察部门要对整个招标、评标活动进行全程监督,鼓励执法部门、新闻机构、受益单位进行监督;加大审计监督力度,及时纠正招投标活动中违法违规、不合理现象,确保招投标活动在遵循公开、公平、公正和诚实守信原则下有序竞争,为建设优质工程提供可靠保证。

合同管理制应贯穿于整个工程建设的始终,渗透于工程建设设计、施工、监理等方方面面。作为组织、管理工程建设的主要手段之一,通过加强合同管理、严格结算支付程序等手段,可以使工程进度、质量和投资得到有效控制。由于水利工程建设的复杂性,受自然环境、地质条件等影响,应把合同条款制定放在首位。只有制定一份科学、合理、合法的有效合同,才具有可操作性、约束力。有一个好的合同文本固然重要,但不执行或执行不好,也等于一纸空文。所以,合同管理的关键是执行好合同,维护合同的法律性、严肃性。对因设计条件变更引起的合同变更,应在坚持合同原则的基础上,本着实事求是的精神,及时妥善处理。而对不信守合同承诺,影响质量、工期、投资控制及安全生产的情况,应严格按合同办事,该处罚的处罚、该索赔的索赔,从而维护合同各方的合法权益。

五、实现水利跨越式发展 "四个安全"是目标

贯彻落实中央一号文件精神,推动水利跨越式发展,水利工程建设与管理必须实现工程安全、资金安全、干部安全、生产安全——"四个安全"。

工程安全就是工程质量。工程建设必须确保质量。没有质量就没有安全,没有质量就没有效益。水利工程是民生工程,涉及广大人民群众的共同利益和社会的公共安全。工程质量百年大计,来不得半点马虎大意。确保工程质量,一定要突出以人为本,无论是工程建设管理,还是水利工程的运行管理,或是河流的社会管理,都要把坚持以人为本放在首要位置。因为无论是工程建设的施工质量和安全,还是工程运行本身安全,既关系到施工人员的人身安全,也关系到工程涉及范围内人民群众的生命财产安全,应尽最大努力保护生产者的人身安全,保护工程服务范围内人民群众的切身利益。一定要贯彻落实《建设工程质量管理条例》《水利工程质量管理规定》《建设工程勘察设计管理条例》以及《水利水电建设工程验收规程》等一大批质量管理规章、规范性文件和技术标准,大力推进水利工程建设质量管理。一定要层层落实责任制,

建立完善的质量保证体系,横向到边纵向到底,开展优质工程和文明工地评比活动等,实现全员管理、全面管理、全过程管理。

工程建设的资金控制很重要,是工程质量、进度的保证。做到资金安全,才能确保工程安全。水利工程往往是以社会公益性为主的项目,资金投入绝大部分来自于政府财政,花的是纳税人的钱。管理好工程建设资金,一定要以对国家对人民高度负责的精神,做到如履薄冰、如临深渊,不该花的坚决不花,能少花的绝不多花,合理控制投资。保证资金安全,制度管理是关键。每个水利工程都有自身的特点,除认真贯彻执行国家有关法律法规、财经纪律外,还要建立健全财务制度,用制度管钱管物管事。特别是要紧密结合工程建设实际,发现存在的问题和薄弱环节,提出切实可行的措施并及时转化为制度规定,强化从源头上治理,杜绝权钱交易、以权谋私现象发生。

干部安全至关重要。没有干部安全不可能有工程安全、资金安全、生产安全。人的因素是第一的。工程建设的任何一个环节,都需要人去控制,而其中干部的表率作用尤其突出。我们绝不能因为上一个工程而倒一批干部。以牺牲干部安全换取工程安全是不可取的。干部安全与资金安全一样,需要自律,更需要他律。近年来,我们党和政府为预防职务犯罪,出台了一系列政策措施、法律规定,对于预防工程建设领域腐败起到了重要作用,特别是查处了一大批大案要案,起到了警示和震慑作用。但同时我们看到,在工程建设流域确有一些人不能正确对待手中的权力,利用职权和职务上的影响牟取不正当利益,成为易发多发的重点领域,而且手法不断翻新,形式更加隐蔽,人民群众对此反映强烈,引起了党和政府的高度重视。确保干部安全,必须依据党中央提出的坚持"标本兼治、综合治理、惩防并举、注重预防"工作方针,按照建立健全惩治和预防腐败体系的总体要求,着眼于从源头上预防和治理领导干部廉洁从政方面存在的突出问题,在加强教育、健全制度、强化监督、深化改革、严肃纪律等一系列政策措施,实现治标和治本、惩治和预防、自律和他律的有机统一。

生产安全与工程安全一样,体现在工程建设与管理的各个环节、各个阶段。在工程建设时期,生产安全突出体现于施工当中的人身设备安全,必须做到"安全第一,预防为主"。与质量管理一样,实行安全生产责任制,做到全员管理、全面管理、全过程管理。在工程运行时期,安全生产更是责任重于泰山,必须做到"安全第一,预防为主",确保万无一失。特别是对于具有经济效益的水利工程来说,一定要树立"安全生产就是最大效益"的理念,高度重视安全生产。一定要强化社会公益性思想观念,承担起社会功能,在确保水工建筑物、人员设备安全,充分发挥好防洪、供水、环境等社会效益的前提下,抓好发供电、养殖、旅游,兼顾好经济效益。

此外,还要高度重视并积极做好环境安全。要密切关注水利工程建设与运行中的生态和环境问题,树立环境友好的意识,促进人水和谐,做到水利工程建设管理与生态环境的协调发展。

六、实现水利跨越式发展 建设与管理要并重

中央一号文件明确了水利工程管理目标:到 2020 年,水利工程良性运行机制基本形成。一句话看似简单,做起来并不容易。真正需要我们认真领会,深入研究,下定决心,攻坚克难,才可能达到这一目标要求。

"十二五"期间水利改革发展步伐加快,工程建设任务繁重,但笔者认为难点还在运行管理上。在过去的几十年里,我们建设了以长江三峡、黄河小浪底为代表的一大批水利工程,在防洪除涝、抗旱减灾、供水发电等方面发挥了巨大的综合效益。但我们也不能不看到,"重建设、轻管理"现象还存在,甚至有的中小型水利工程还比较突出。特别是随着社会主义市场经济体制的深入发展,带来了一些新情况、新问题、新变化,如水利工程投资模式的多元化、建设有形市场的统一整合等,要求我们与时俱进,进一步深化水利建设与管理体制改革,不断推进体制创新、机制创新、制度创新和管理创新。

有资料表明,目前我国水利工程建设无论是在规模上,还是在工程技术上,与发达国家比较并不落后,甚至有的领域已经领先国际先进水平。但在工程运行管理方面,我们与发达国家比较还有较大差距。现实情况也显示,工程运行不仅仅是一个资金保证那么简单,往往需要的是体制、机制、科技、人才等有力支撑。而这些因素又是"软"项目,容易被我们忽略,在短时期内没有超常规方式方法、有力措施,很难达到预期效果。所以,贯彻落实中央一号文件、中央水利工作会议精神,真正建立起水利工程良性运行机制,建管并重,确实需要我们在运行管理上下大功夫、花大力气才能完成。

建管并重,要认识到位。认识是解开问题的钥匙。当前,各级政府要把学习贯彻中央一号文件、中央水利工作会议精神放在首位,认真领会文件的深刻内涵,吃透精神,把握实质,切实把思想、认识和行动统一到中央精神上来,准确把握工程建设与管理目标任务,认真研究建设与管理问题,真正把工程运行管理问题放在更加突出的位置。

建管并重,要改革到位。体制不顺、机制不活是水利工程运行管理的主要问题。要深化水利工程管理体制改革,划分工程类型,准确定位水管单位性

质。国有大型水利工程要积极稳妥推进"管养分离",加大内部人事制度和分配制度改革力度。中小型水利工程要结合自身特点,创新工程管理体制,采用县(市)、乡集中管理,国有水管单位专业化管理和社会化管理等多种方式,明确责任主体,落实管理机构或专职管护人员,落实公益性工程管护经费。经济效益好的水利工程,要按照现代企业制度要求组建水管单位,在确保防洪、除涝、环境等社会效益前提下,自主经营、自负盈亏、自我发展、自我约束。

建管并重,要资金到位。水利工程管理体制改革的难点是落实公益性"两费"。要加大公共财政投入,加强金融支持,广泛吸引社会资金,确保"两费"及时足额到位。特别是地方所属中小型水利工程,要按照中央精神建立水利投入稳定增长机制,多渠道筹集资金,确保"两费"能及时足额到位。

建管并重,要管理到位。管理粗放是水管单位的普遍现象。要做到建管并重,必须下功夫解决好。具体要做好以下几方面工作:一要抓好责任落实,进一步落实工程安全管理责任制。二要加强工程科学调度,统筹水利工程防洪、供水、发电、航运、生态等各种功能和作用,加强区域、流域水利工程的联合调度、优化调度,充分发挥工程综合效益。三要加强应急管理,提高应对突发事件的应急处置能力。四要加强工程日常管理,做好水工建筑物监测、管护和值守,确保良好运行状态。五要加强队伍建设,提高从业人员依法管理、科学管理的能力,建立一支勤政廉政、高效务实的建设管理干部队伍。六要大力推进科技创新,加强大坝安全监测、水雨情测报、通信预警、调度管理、自动控制等系统建设,提高水利工程管理信息化、自动化水平,促进水利工程管理现代化。

只有正确处理水利工程建设与管理的关系,既重视工程建设,又重视工程管理,做到建管并重,才能真正实现水利跨越式发展。

七、实现水利跨越式发展　工程体制机制是保证

常言说:"水之兴在于建,利多利少在于管。"而管理好水利工程的可靠保证是:外部建立一个符合实际的保障体制,内部建立一个充满活力的运行机制。

长期以来,我国水利行业一直存在着体制不顺、机制不活、经费短缺、机构臃肿、管理粗放等问题。计划经济体制时期,我们热衷于上项目、搞建设,而如何保证工程良性运行,始终没有一个有效政策来保证。改革开放之后,我们对水利工程管理体制改革进行了积极有效的探索和卓有成效的实践,出台了《水利产业政策》《水利工程管理体制改革实施意见》《关于加强公益性水利工

程建设管理的若干意见》《水利工程管理单位定岗标准（试点）和水利工程维修养护定额标准（试点）》等规范性文件，为实现水利工程良性运行提供了政策支持和法律保障。特别是一大批水利工程类型得到科学界定，公益性部分的管养经费得到财政保证，通过内部机构、人事、分配等改革，大多数水管单位充满了生机与活力。

水利工程管理体制改革，前提是科学界定水管单位性质，正确区分经营性资产和公益性资产。国务院印发的《水利工程管理体制改革实施意见》（国办发〔2002〕45 号）明确了三类：第一类是指承担防洪、排涝等水利工程管理运行维护任务的水管单位，称为纯公益性水管单位，定性为事业单位。第二类是指承担既有防洪、排涝等公益性任务，又有供水、水力发电等经营性功能的水利工程管理运行维护任务的水管单位，称为准公益性水管单位。准公益性水管单位依其经营收益情况确定性质，不具备自收自支条件的，定性为事业单位；具备自收自支条件的，定性为企业。第三类是指承担城市供水、水力发电等水利工程管理运行维护任务的水管单位，称为经营性水管单位，定性为企业。

虽然政策很清楚，但实际情况并非那么简单，有许多现实问题需要我们不断探索和研究。水利工程绝大多数是以防汛抗旱、工农业和城镇居民供水为主。有一定发电收益，又要靠天吃饭，来水多就收入多，来水少收入就少，汛期还要发电调度服从防洪调度。水价、电价偏低，特别是农业供水价格更低，只占成本的三分之一左右，而且收取困难，据统计收取率仅为 50% 左右。

以尼尔基工程为例，尼尔基水电站上网电价为每千瓦时 0.387 元（含税价），可研评估时测算上网电价为每千瓦时 0.43 元（含税价 0.503 元），初步设计时测算上网电价为每千瓦时 0.45 元（含税价 0.527 元）。上网电价与批复设计阶段测算电价差距较大。在供水上，国家批准可研和初设时，仅工业及城镇生活供水承担贷款 3.63 亿元（总贷款 13.39 亿元），平均每年需要偿还供水贷款本金 1 900 万元左右。由于尼尔基水库是通过下游河道补偿供水，既没有供水计量及控制手段，也没有收取水费相关规定和管理办法，造成了工程建成后收不到水费。

2009 年中国农林水利工会全国委员会的调研报告反映："造成目前困难的主要原因是：水利枢纽的企业管理体制，忽视了其准公益性质，缺乏必要的公共财政支持。"报告建议："根据尼尔基水利枢纽实际情况，建议按照国务院办公厅《水利工程管理体制改革实施意见》（国办发〔2002〕45 号）有关精神，将尼尔基水利枢纽定性为准公益性水管单位，实行管养、事企分离，对公益性人员费用和公益性设施管养费用由国家财政负责解决；银行贷款在很大程度上是对社会公益性工程的投入,故请据实酌情予以减免。"尼尔基工程是国家"十五"期间重点项目,是嫩江干流唯一一座控制性工程,社会效益巨大,对于东北地区经济社会发展及人民生命财产安全具有举足轻重的作用。这样一个大项目出现这种情况,实在令人扼腕。所以,建立与工程本身相适合的管理体制,才是从根本上解决问题的保证。

当然,外部建立了好的管理体制,内部运转机制不活,也不可能实现工程良性运行。为此,要加大水管单位内部改革力度。水管单位内部改革也要结合自身性质和特点进行。对纯公益性和准公益性水管事业单位,要坚持精简、高效的原则,撤并不合理的管理机构,压缩人员编制;科学合理设置岗位,全面实行竞争上岗和人员聘用制度,对新招聘的管理人员,要有事业心、责任感,并经专业考试择优录用。同时,建立严格的目标和岗位责任制,并对其进行年度考评,由主管部门通过竞争方式招聘或任命水管单位负责人。分配制度上,在继续执行国家统一的事业单位工资制度的前提下,把职工收入同工作岗位责任和工作绩效挂钩,逐步建立起重实绩、重贡献的分配激励机制。特别是准公益性水管单位的行政事业性收费,要严格实行"收支两条线"管理。水管单位体制改革并不是"等靠要",特别是有经济效益的水利工程,要依托水土资源优势,积极而稳妥地发展水利多种经营,形成自身的造血功能。

邓小平说过:改革是一场新的革命。革命是为了解放生产力。水利工程管理体制机制改革,也是一场艰巨的革命。未来 5~10 年实现水利跨越式发展,必须下决心彻底破解水利工程管理体制机制难题。

八、实现水利跨越式发展　人才队伍建设是关键

中央一号文件提出:全面提升水利系统干部职工队伍素质,切实增强水利勘测设计、建设管理和依法行政能力。大力引进、培养、选拔各类管理人才、专业技术人才、高技能人才,完善人才评价、流动、激励机制。

加强水利工程建设与管理,实现水利跨越式发展,应该认真研究解决人才队伍建设问题。人力资源是第一资源,人才战略是发展大计。只有抓住人才队伍建设这个关键,树立"人才立、水利兴,人才强、工程强"理念,努力营造尊重人才、重视人才、关心人才的氛围,不断建立和健全人才激励机制,促进人才的健康成长,才能为水利工程建设与管理提供强有力的人才支撑和保障。

按人才学的定义,人才就是指在一定条件下,能以其创造性的劳动,对社会发展、人类进步做出某种较大贡献的人。所以,人才的本质特征是创造性的工作。这当然既包括在物质文明领域的创造,也包括在精神文明领域的创造。

创造出优质的物质产品,供人类物质生活消费的人是人才,创造出优质的精神产品,供人类精神生活消费的人也是人才。了解什么是人才并不重要,重要的是如何更多地发现人才,更好地培养人才,科学地使用人才。

先谈发现人才。人才的发现就是使"潜人才"变成"显人才",充分发挥人才的聪明才智,充分利用人才所掌握的科学技术知识,为水利工程建设与管理服务。发现人才是培养和使用人才的前提。如何才能做到发现人才呢? 有"伯乐相马"的本领当然是非常必要的。但在现实生活中,伯乐式的人物又能有多少呢? 这就如古人发出的感叹一样:千里马常有,而伯乐不常有也! 因此,关键是要教给人们掌握发现人才的有效方法。通过实践观察,我认为发现人才的方法大体上可以概括为四种,即张榜招才、考试揽才、关心礼才、信息找才。张榜招才,就是在上项目、设立新岗位、解决难题时,公开张榜,给人才创造一次毛遂自荐的机会,一旦能人揭榜,人才就能被发现。考试揽才,就是通过考试,创造人人平等的竞争机会,使有知识有才能的人崭露头角。关心礼才,就是各级领导干部尊重知识,尊重人才,礼贤下士,取得人才的信任,使人才"愿为知己者死",主动显露出来。信息找才,就是通过各种信息渠道,如通过交谈、调查、推荐、报刊等掌握身边人的情况,寻找和引进有用的人才。

再谈培养人才。人才是动态变化的,在一定条件下,不同类型和不同层次的人才之间可以相互转化。专业技术人才可以转化成经营管理人才,经营管理人才也可以转化成文学艺术人才;低层次人才可以转化成高层次人才,高层次人才也可以转化成低层次人才。促使人才转化有自身方面因素,也有组织上的因素。自身的因素主要是个人的成才理想和有效的劳动量,而组织上的因素则主要是给人才创造一定的培训条件和有效的教育措施。当一个人自身方面的因素一定时,组织上给创造必要的外部条件是十分重要的。对于基层水管单位而言,要重视从原有水利工程职工中培养人才,而不是在人才匮乏时一味从外部引进人才。要依据水利工程实际需要,既培养高、精、尖人才,又培养水利工程管理需要的实用型、应用型人才;既认真搞好基础职业教育,又重视做好各种技能培训。在当今,经济发展突飞猛进,科学知识日新月异,水利人才需求矛盾日益突出,我们要实施好"科教兴水"战略,研究制订人才发展计划,下功夫培养出一大批德才兼备的技术、管理、技能人才,尤其是德才兼备、能够坚守工程建设与管理一线的高技能人才。

后谈使用人才。人才开发的目的在于使用人才,让人才发挥出巨大的创造力。使用人才的标准是人尽其才,才尽其用。使用人才必须从以下几个方面去努力:一是因才使用。有什么才能就干什么工作。二是择优录用。优中选优,给优者压担子,安排重要岗位。三是扬长避短。任何人都有其短,必须用其所长。四是放手使用。对于人才,尤其是管理人才,必须充分信任,做到"用人不疑、疑人不用"。五是权利一体。把人才放在什么位置,就赋予什么权力;做出多大贡献,就给予什么奖励。总之,要通过发现人才、培养人才和正确使用人才,尽快建设一支能够适应水利工程现代化要求的人才队伍。

综观未来水利工程建设态势,必将是一个大发展、大繁荣的春天,令人鼓舞,催人奋进。大政方针确定之后,最关键的因素就是"人"的问题。谁拥有"人才",谁会用"人才",谁能留住"人才",谁能让"人才"发挥最大价值,谁就能真正又好又快发展。时代呼唤人才,伟业孕育人才。相信有党中央、国务院对水利工作的亲切关怀和大力支持,有水利部党组的正确领导,有良好的人才培养机制,水利工程建设与管理必将取得新的更大的成绩!

九、实现水利跨越式发展　精神文明建设是动力

水利跨越式发展,绝不是只强调速度,应该是科学发展、全面发展、和谐发展、文明发展。加强工程建设与管理,实现水利跨越式发展,精神文明建设要跟上。只有同时搞好精神文明建设,才能助推工程建设与管理,实现水利跨越式发展,促进经济社会又好又快发展。

邓小平同志讲过:"不加强精神文明的建设,物质文明的建设也要受破坏,走弯路。"他结合改革开放新形势,进一步指出:"经济建设这一手我们搞得相当有成绩,形势喜人,这是我们国家的成功。但风气如果坏下去,经济搞成功又有什么意义? 会在另一方面变质,反过来影响整个经济变质,发展下去会形成贪污、盗窃、贿赂横行的世界。"

加强工程建设与管理,实现水利跨越式发展,精神文明建设必须坚持以邓小平理论和"三个代表"重要思想为指导,深入贯彻落实科学发展观,认真贯彻落实中央治水方针及水利部党组治水新思路,紧紧围绕水利改革发展工作大局,增强凝聚力和竞争力,全面提高全体水利干部职工思想道德素质和文明程度。为此,我们要提高认识,齐抓共管,把各项任务真正落到实处、抓出成效,推动精神文明建设不断迈上新台阶。

——抓理论武装。以科学理论武装人,是精神文明建设的首要任务。学习贯彻马列主义、毛泽东思想、邓小平理论、"三个代表"重要思想和科学发展观,是做好水利工作的根本。各级水利部门要采取多种形式,掀起学习理论新热潮。只有把党的基本理论学深学透,学会用辩证唯物主义和历史唯物主义的立场、观点和方法分析问题、解决问题,我们就能自觉抵制各种非马克思主

义思想的影响,对各种歪理邪说保持足够的警惕,驾驭复杂局面,克服各种困难,不断开创水利发展新局面。特别是要发扬理论联系实际的学风,边学习,边总结,边实践,按照中央一号文件、中央水利工作会议精神的新要求,认真思考并回答水利跨越式发展出现的新问题,丰富和发展治水新思路。

——抓信念教育。信念是人的精神支柱,决定着人们的前进方向和精神状态。只有坚持马克思主义的科学信念,坚定社会主义、共产主义信仰,才能在思想上统一、政治上坚定、行动上一致。中国共产党之所以能够由小到大、由弱到强,冲破各种艰难险阻,战胜各种难以想象的困难,根本原因就在于她一直有着坚定的理想信念。当今社会信仰危机的主要原因,还是理想信念教育缺失,社会主义思想文化阵地不坚固。只有我们把理想信念教育抓好抓实抓出成效来,就会心往一处想、劲儿往一处使,就可以排出任何干扰和破坏,克服一切困难和问题,实现水利跨越式发展。

——抓道德建设。道德建设是精神文明建设的主体内容。包括:坚持爱国主义、集体主义、社会主义教育,加强社会公德、职业道德、家庭美德建设,引导人们树立正确的人生观、价值观。大力提倡"爱国守法,明礼诚信,团结友善,勤俭自强,敬业奉献"的基本道德规范。在新时期水利大发展、大繁荣形势下,我们要抓好爱国主义、集体主义、社会主义教育,要结合水利行业特点,积极开展水利职业道德教育,伟大的抗洪精神和水利行业精神教育,先进人物、先进事迹学习教育等活动,突出培养广大干部职工爱岗敬业、诚实守信、不畏艰苦、甘于奉献的优良品德。

——抓作风建设。水利行业作风是党风、政风的重要组成部分。水利行风集中体现了水利行业队伍素质、管理水平。水利行业要大力倡导树立"四个形象":以身作则、秉公办事的领导形象;朝气蓬勃、敬业奉献的机关形象;廉洁自律、依法行政的职业形象;文明优质、热情服务的行业形象。在作风建设中,首要的是领导干部作风建设问题。只有领导干部自觉做到"八个坚持、八个反对",在思想作风、学风、工作作风、领导作风和生活作风方面做出表率,就能带动行风根本好转。今后一个时期,水利发展加快,水利项目审批、资金下达等增多,水利行业作风建设任务加重。要加强对掌权、管钱、管人等水行政主管部门的监督和管理,从源头上预防和治理腐败。在窗口单位,积极开展"三优一满意"活动,改善服务态度,提高办事效率,提高服务质量,促进行业作风的转变,树立了水利行业良好形象。在工程建设管理单位,应严格"四制"管理,加大检查、督查、审计力度,确保工程实现"四个安全"。

——抓活动载体。水利精神文明建设需要突出行业特色的有效载体,才能吸引群众广泛参与,在参与中受教育,陶冶道德情操,提高思想道德素质和行业文明程度。一要加强文化场所建设,配套和完善图书馆、阅览室、群艺馆、健身场地和设施,办好报纸、杂志、网站、有线电视网等宣传媒体,充分利用各种宣传阵地和窗口,向广大职工宣传社会公德、职业道德和家庭美德。二要因地制宜地开展各种群众喜闻乐见、生动活泼的文艺活动和健身活动。如开展文明行业、文明机关、文明工地、文明灌区、文明单位、文明家庭、文明职工创建活动,开展各类文体、纪念、献爱心活动等。要积极开展水文化研究,用先进文化指导水利工作。特别要加强基层水管单位文化建设,为他们提供更多的精神文化服务,满足他们对精神文化生活的渴求。要高度重视抓好水利风景区建设,实现建设一座工程、美化一方环境的目标。

——抓机制建设。要建立健全党委(组)统一领导、党政群齐抓共管、文明委(办)组织协调、有关部门各负其责、全员积极参与的领导体制和工作机制,形成精神文明建设的强大合力。各级文明委(办)要发挥好组织协调作用,充分调动各成员单位的积极性,努力形成多管齐下、多措并举的工作格局。要建立健全科学的督促检查、成效测评、表彰评比机制,注重经常性、常态化工作,注重群众评价,注重绩效考核,推动精神文明建设逐步走上科学化、制度化、规范化轨道。要建立规范有效的精神文明建设资金保障机制,逐渐形成对精神文明建设多渠道投入体制,确保文体设施建设和活动经费。

十、实现水利跨越式发展 科学技术发展是支撑

加强工程建设与管理,实现水利跨越式发展,必须有科学技术作支撑。科学技术是第一生产力。没有科学技术水平的提高,其他方面做得再好,也只能是"老牛拉货车——慢慢吞吞",不可能实现跨越式发展。

工程建设与管理的每一项工作、每一个决策、每一道工序、每一处环节,都蕴藏着很高的科学技术含量。只有认真抓好科学发展与技术进步,才能真正加强工程建设与管理,促进水利又好又快发展。加强工程建设与管理,科技发展应紧密结合水利中心工作,在组织重大问题研究、深化科技体制改革、拓宽科技投入渠道、创新科技管理方式、加强科技成果推广等方面创造性地开展工作。

一要做好科技攻关。加强重大科技问题研究是提升水利科技创新能力的关键所在,是水利科技创新的重中之重。"十二五"期间,工程建设与管理要从我国水利发展大局出发,围绕事关水利工程建设与管理的基础性、战略性、前瞻性重大科技问题,开展重点研究和联合攻关,力求取得新的突破。比如,

水利工程建设管理模式研究,特别是基层水利服务体系建设研究;水利工程建设生态环境影响问题研究,实现人水和谐统一;水利工程动态汛限水位研究,促进科学化调度;增强水资源预测、预报和水环境预警能力研究,进一步提高工程管理信息化水平;积极开展水利工程新材料、新设备、新工艺应用研究,特别是重大技术装备升级改造,全面提高工程施工管理水平;水利工程建设管理市场诚信体系建设研究,进一步规范建设市场秩序等。只有在以上重大水利工程科学问题和关键技术方面取得突破,才能促进水利跨越式发展。

二要建立科技发展体制机制。水管单位普遍不够重视科技发展体制机制建设,绝大部分没有设立或指定专门机构和专人承担科技管理职能,常常不把科技发展规划计划列入总体规划计划,用于科技开发的资金更是没有保证。新时期,为了实现水利跨越式发展,必须从机构、人员、财物等方面提供有力保障。大的水利工程管理单位,要设立科技管理部门,明确职责,配备人员,明确经费。要发挥水利工程协会作用,整合行业科技力量,提高整体科研实力,形成"开放、流动、竞争、协作"的科技发展运行机制。要加强科技管理信息化建设,推行科技项目、科技成果信息公开制度,一方面监督科技成果真实可靠性,另一方面有利于全行业科技成果的推广应用。要加强水利工程科技评价体系建设,进一步完善评审、发布制度,加强对优秀科技成果的审核把关,强化对技术推广应用效果的评估,依法促进先进实用技术的推广应用。制定出台奖惩政策措施,营造支撑创新的人才环境,增强科研人员诚实守信、尊重科研工作规则的意识,杜绝科技成果造假等腐败问题发生。

三要加大科技投资力度。千方百计筹集资金,加大对水利科技发展的扶持力度,为推进水利科技成果转化提供资金保障。水利工程建设也要建立以财政投入为引导,企业投入为主体,市场化融资为方向的多元化科技投融资体系。特别要落实好"工程带科研、科研为工程"的措施,在水利建设项目资金中,要划出一定比例用于解决相应的工程技术问题。要加强项目经费管理,严禁挤占、截留、挪用,切实提高经费的使用效益。

四要加大水利科技引进和推广力度。先进技术引进和科技成果推广是水利工程科技创新的重要内容,也是带动水利工程科技水平迅速提高的重要途径。要一手抓科技开发,一手抓成果转化,在注重加强工程研发同时,高度重视工程科技成果应用。要不断创新推广模式,丰富推广手段,增强推广效果。要围绕水利工程重点领域,有计划每年推广一定数量的先进技术。要密切跟踪国际水利工程科技前沿,结合水利工程行业发展或重大水利工程建设的实际需求,开展国际先进工程技术引进。同时,要做好引进计划与其他科研、推广计划之间的衔接,做好消化吸收和再创新工作,努力做到"引进一项技术,解决一个问题,带动一批工程",通过技术引进的实施促进水利工程科技的不断进步。

五要做好科技普及。科普工作是经济社会发展的重要保证,没有科学技术的普及,就会影响科技进步和创新。水利工程科普知识宣传活动,要以提高水利干部职工的科学素质和劳动技能为目标,以强化工程建设与管理为宗旨,采取公众易于理解、接受和参与的方式,全方位、多层次地开展水利工程科普知识宣传教育活动,努力营造"人人关注创新、人人参与创新"的社会环境。如广播电视设立科普专栏,举办科技展览会、培训班,邀请专家学者作学术讲座和报告,开展水利工程科技进步"活动月",出版水利科普读物、编印科技资料,编写水利工程抗洪抢险知识手册、水利工程施工安全知识手册,设立科普黑板报、墙报等。通过宣传和普及水利工程科普知识,提高水利职工和社会公众的水利科技知识水平,为水利工程建设与管理提供可靠保证。

"十二五"时期,是加强水利工程建设与管理,实现水利跨越式发展的关键时期。面对加快水利改革发展的重大战略机遇,我们要全面贯彻落实中央一号文件、中央水利工作会议精神,以科技兴水为己任,勇于探索,敢为人先,努力提高水利工程建设与管理科技含量,为水利跨越式发展提供强有力支撑。

(本文写于 2011 年 6 月)

始终把安全生产当成头等大事来抓

2012年是尼尔基工程建成投入运行的第六年,尼尔基公司在前五年取得安全生产突出成绩的基础上,继续贯彻落实科学发展观和中央水利工作会议精神,把民生水利放在更加重要位置,优先抓好工程防汛度汛、兴利调度,始终坚持"安全第一、预防为主、综合治理"的方针,牢固树立"以人为本、安全发展"的理念,为确保嫩江两岸人民群众生命安全、生活安全、生产安全发挥了不可替代作用。

一、突出保障防洪安全

6年来,尼尔基公司认真贯彻执行《防洪法》及国家防总批准的《尼尔基水利枢纽洪水调度方案》,按照"防大汛、抢大险、抗大灾"的要求,切实做到了认识、领导、组织、责任、措施"五到位",实现了工程防汛度汛万无一失。

虽然流域内连续6年没有发生较大洪水,但公司能够突出工程防洪安全,严阵以待,做好防汛度汛的一切准备工作。每年都认真制订科学的年度工程防汛度汛方案及抗洪抢险预案,召开公司防汛工作会议,部署全年防汛工作任务,明确防汛目标及措施计划。落实防汛工作责任制,实行总经理负总责,分管领导负主要责任,水情、工情部门负具体责任,层层负责、级级落实。及时调整防汛组织机构和抢险队伍,备足抢险机具和物资。加强信息化建设,以信息化促进防汛工作现代化,确保水情测报预报及时、准确。加强汛期值班制度,实行领导代班制,汛期24小时值班。

二、切实做好枢纽运行安全

由于尼尔基水利枢纽自2006年下闸蓄水以来,最高蓄水位215.89米,尚未经受超高水位的考验,因此提升大坝安全监测手段,掌控大坝运行性态,确保大坝和设施的安全、正常运用显得尤为重要。近年来,尼尔基公司充分利用大坝自动化安全监测软件系统,用先进的管理手段确保大坝安全运行。在日常工作中,严格按照规范要求进行巡视检查和仪器设备观测,及时做好监测、巡视记录的采集、分析、整理和归档工作。对异常情况及时组织专家会诊,并形成监测分析报告。

进一步加强枢纽建筑物的维修养护工作。按照已经制定实施的《尼尔基水利枢纽水工建筑物维修养护质量管理办法》《尼尔基水利枢纽水工建筑物维护检修规程》等规定,加强施工质量管理和过程控制,积极做好枢纽的维修养护工作。专门进行了溢洪道引渠段 206.5 米高程以下,由于风浪淘刷及冻融作用造成的两边岸坡局部破损的维修,以确保在超标准洪水情况下溢洪道的安全运行;进行了厂房防渗堵漏施工,确保了发电厂安全生产;完成了 300 余万元的左副坝渗漏影响处理工程,进行了主坝与右副坝下游碎石护坡护理,使坡面平整,坡度达到设计坡比等。总之,通过一系列建筑物养护维修工作,使水工建筑物及机电设备永远处于可靠运行状态。

尼尔基发电厂作为枢纽关键部位,始终把安全生产当作头等大事来抓,严格执行"两票三制"(工作票、操作票,交接班制、巡回检查制、设备定期试验与轮换制),积极做好事故预想和危险点分析,将事故消除在萌芽状态。建立健全生产运行、检修维护、信息通信等工作制度,搞好春秋两季设备检修工作;按照国家电监会东北电监局对尼尔基发电厂水力发电机组并网安全性评价要求,积极完善各项安全措施,实现了连续 4 个"安全年"目标,发电厂安全运行近 1 800 天。

三、积极创建"平安枢纽区"

尼尔基公司从创建"平安枢纽区"入手,层层签订"安全生产责任状",做到"一岗双责"。结合各年度工作实际,及时调整安全生产领导小组及办事机构,设一名副总工为安全总监,负责日常安全生产监督检查和责任落实。特别是加大了对执行有关安全生产预案、制度、标准、规程等力度。安全生产实行党政工团齐抓共管,积极开展安全生产业务培训、知识竞赛、反事故演练等安全生产文化宣传活动,营造了"人人讲安全、时时想安全"的氛围。

扎实做好辖区治安综合治理工作,成立了公司处置突发公共事件领导指挥部,及时制订年度《公司处置突发公共事件总体应急预案》。以整顿辖区治安秩序为重点,以维护治安稳定为目标,加大了防范、打击、整顿和管理力度。特别是在主汛期及重要节假日、纪念日期间,把确保枢纽区安全提高到保民生、树形象的政治高度,与地方公安部门联合组成水库巡逻执勤队,开展联合执法,确保枢纽安全运行万无一失。

认真贯彻"预防为主,防消结合"的工作方针,扎实做好安全防火各项工作。成立了防火安全组织和义务防火队,完善防火安全工作制度,明确各级防火责任人,做到"横向到底、纵向到边",不留死角。坚持定期与随时消防检查相结合,对查出的隐患舍得投入、及时整改。坚持"三不放过"原则,认真查明事故原因、责任,对责任人严肃处理,使全员受到了深刻思想教育。

安全就是效益,安全才能发展。几年来,尼尔基公司始终围绕"人人关爱生命、人人关注安全"这一主题,紧密结合工作实际,努力创新活动载体,开展了一系列丰富多彩、形式多样的活动,实现了人人讲安全、事事无违章,处处无隐患,确保了尼尔基工程安全、可靠、高效运行,为嫩江流域经济社会又好又快发展做出了重要贡献。

(本文写于 2009 年 3 月)

尼尔基水库防汛度汛规范化

近日,笔者陪同国家防总工作组一行检查尼尔基水库2012年防汛度汛准备情况时了解到:近年来,尼尔基公司防汛度汛工作已经形成规范化,这对水库本身安全度汛,并发挥好水库的防洪功能起到了保证作用,其做法和经验值得其他水库借鉴。

首先,尼尔基公司每年年初都要根据干部调整、人员变化,重新成立水库防汛抗旱领导组织、工作机构,明确各自职责分工,并以"红头文件"形式印发。2012年,公司防汛指挥部总指挥由总经理马涪良兼任,副指挥由副总经理兼总工程师潘安和副总经理李彦坡兼任。指挥部成员由公司其他领导和各现职二级部门主要负责人兼任,明确了各岗位的主要职责。这就做到了领导到位、组织到位,为全年水库防汛工作起到了保障作用。

其次,尼尔基公司每年年初都要组织召开年度防汛工作会议,传达全国防汛抗旱工作会议精神,总结上年度水库防汛度汛工作,部署今年防汛度汛工作。2011年,他们提出:"以保障人民群众生命安全为首要目标;以落实责任、强化管理,确保不垮坝安全度汛为工作重点;以全力保障水库下游人民群众生活用水安全,千方百计满足生产和生态用水需求,最大程度减轻洪水灾害损失,充分发挥水库防洪减灾与兴利综合效益,为经济社会可持续发展提供安全保障为主要任务。"这就做到了水库防汛工作思路清晰、目标明确、任务明确、措施明确,确保了水库防汛工作有条不紊地进行。

再次,水情信息工作规范化。尼尔基公司与松辽委水文局、加格达奇气象局、海拉尔气象局建立了长期的业务合作。松辽委水文局提供的流域内测站每日的水情信息;气象局提供的每日、每旬、每月天气预报和重要天气预警等专项服务信息,都能够及时、准确地传递到公司。公司通过与松辽委的光纤专线实现双向传输,能够及时查询流域内相关河系的水情信息,为水库防汛提供了必要的信息支持。公司每年在汛前都要进行网络检查工作,确保了汛期网络通信畅通。在抗洪抢险方面,公司与齐齐哈尔防汛办、讷河市防汛办、嫩江县防汛办以及莫旗防汛办,在主汛期均定时保持通信联系,如遇重大汛情、险情,可及时通知有关防汛指挥部门做好抗洪抢险准备工作。尼尔基水库的做法也说明,只有充分实现水情信息共享,才能实现水库防汛调度工作科学化。

最后,枢纽水工建筑物、机电设备的维修养护规范化。尼尔基公司根据水工建筑物有关技术规范要求,每年都要进行汛前水工建筑物融冰期巡视检查。大坝安全监测二等水准测量为每两个月1次,一等水准测量为每年1次,日常大坝内部监测和巡视检查为每周1次,汛期实时加密大坝内部监测和巡视检查频次。公司安委会每逢重大节日,都要组织相关部门对枢纽各水工建筑物及泄洪、发电、变电和输电系统进行隐患排查。发电厂每年都要对机组、金属结构、送变电等设备进行春检和秋检,特别是每年大发电期间,每周增加一次巡回工作,并增加机动性巡回次数,做到了巡视检查制度化、检查内容具体化、重点部位着重化、检查结果可溯化。此外,尼尔基防汛物资管理工作也做到了规范化。防汛物资仓库设有管理员和安全员,各类防汛物品建立了清晰的台账,防汛物资及设备分门别类挂牌存放,确保了防汛物资的质量和数量要求。

几年来,尼尔基水库防汛工作做到了规范化、标准化,确保了防汛度汛万无一失。

(本文写于 2012 年 6 月)

尼尔基发电厂运行管理的实践与思考

尼尔基发电厂为河床式电站,发电机房尺寸 149 米×26.1 米×60.64 米,安装 4 台 ZZA833 – LH – 640 型水轮发电机组,单机容量 62.5 兆瓦。安装两台规格 SFP9 – 150000/220 主变压器,输出电压 220 千伏。自 2006 年 7 月 16 日首台机组并网发电以来,尼尔基发电厂始终以"严谨、细致、安全、高效"为目标,不断完善各项管理制度,努力推行标准化管理,始终把安全生产作为头等大事来抓,坚持安全生产教育常态化,以优异成绩完成了各年度工作任务,确保了发供电安全稳定运行,社会效益和经济效益显著。特别是尼尔基发电厂是一支年轻的水力发电队伍。一是成立时间晚。发电厂是自 2006 年 7 月首台机组发电后成立,短短 8 年多时间,由无到有、由小到大、由没有经验到各项工作走上正轨,有的工作甚至走在了同行业前列。二是队伍人员年轻。发电厂现有正式职工 63 人,平均年龄不到 32 周岁,35 岁以下的青年高达 75%,绝大多数是 2006 年以后参加工作的大学毕业生。

就是这样一支年轻队伍,相继完成了发电厂 4 台机组各年度的春、秋检修,完成了各年度汛期大发电任务等,安全生产近 2 500 天,累计发电 44 亿多千瓦时,发电收入近 17 亿元,缴纳税收 3 亿多元,实现了安全生产和防汛度汛双丰收,为缓解东北电网调峰容量紧缺起到了重要作用。特别是在 2013 年大汛期间,发电机组连续满负荷安全运行 122 天,创造了机组投产以来连续满发时间最长纪录;年总发电量接近 10 亿千瓦时,上网结算电量 9.7 亿千瓦时,创造了经济效益历史最高纪录。由于工作成绩突出,尼尔基发电厂连续多年被公司评为先进集体,连续多年被松辽委直属机关党委评为"先进基层党支部",2012 年被吉林省授予"青年文明号"称号。

一、主要做法

(一)完善各项规章制度,扎实推进标准化建设

尼尔基发电厂结合自身实际情况,始终把管理工作作为重点,不断完善各项制度,推行企业标准化建设,明确各部门的职责,细化人员分工,使发电厂管

理水平进一步提高。首先从建立健全一系列规章制度入手。比如,制定了《关于加强施工现场安全文明生产管理的规定》《各类预防性试验作业指导书》等安全管理规定,修订了《尼尔基发电厂允许单独巡视高压设备人员、工作票签发人、工作负责人、工作许可人人员名单》,制定了《尼尔基发电厂设置兼职安全员和"三级安全网"规定》,制定了《尼尔基发电厂事故应急预案》《尼尔基发电厂电力安全事件管理办法》等。加强班组建设工作,统一班组各项技术记录,使标准化作业及安全文明生产有条不紊地开展。特别是尼尔基发电厂每年制定防汛组织机构联络方式框图以及《防汛管理制度防汛预案》《防御水淹厂房预案》《泄洪设施保电源预案》《汛期大发电安全技术措施》《通信系统防汛应急预案》等制度,有力地保障了防汛度汛各项措施的实施。

(二)落实安全生产责任制,夯实安全生产基础

尼尔基发电厂牢固树立科学发展、安全发展的理念,强化目标,落实责任,深入开展安全隐患排查治理工作,稳步提高安全生产管理水平。对年初制定的安全生产目标进行了层层分解,签订安全生产责任状,明确各级责任人,建立了"三级安全网"和"三级安全培训网"。

严格执行每周二的生产例会制度,总结上周安全生产情况,协调解决生产上的问题。每月进行一次厂内及溢洪道等主要设备安全检查活动,明确检查路线及检查内容,对查出的隐患和问题及时进行整改,做到闭环管理,取得了良好的效果。认真把好"两票"关,对于不合格的工作票,坚决返工并予以处罚,达到了合格率100%。

高度重视各项安全活动的开展,做到活动有计划、有落实、有总结,定期开展全厂范围内的反事故演习活动,严格要求各生产班组定期开展事故预想、安全活动、考问讲解等,各项活动的开展必须保质保量,不流于形式,在保证活动数量的同时提高活动的质量,进一步提高了各班组和一线人员的安全意识。

严格开展岗位绩效考核工作,坚持公开、公平、公正和实事求是的原则,激发职工工作积极性,提高工作效率和工作质量,将激励与奖惩紧密挂钩,约束各岗位人员在工作和生产过程中的不良行为。通过考核这一手段逐步树立各级人员的安全意识和良好的工作风气,从而降低人员在工作中出现问题的概率。

(三)提高设备管理水平,保证设备安全稳定运行

制定了《尼尔基发电厂特种设备事故处理预案》,制定了《设备运行规程》《设备定期工作管理规定》和《标准操作参考顺序》等。严格控制缺陷管理,及时处理设备缺陷,消缺率达到100%,有效地遏制了设备故障的发生和故障的扩大,保证了设备在最佳工况下安全、稳定运行。认真开展设备检修工作,严格执行设备春秋检制度,为防洪度汛和大发电工作打下了坚实的基础。严格执行防办调令,在弧门启闭操作过程中,严格执行监护制度,确保万无一失。设专人 24 小时值班,每两小时进行一次巡回记录,巡查记录弧门开度、相关设备重要部位温度、压力等。严格执行巡回、交接班制度,认真做好各项记录,发现问题及时汇报、处理。特别是在汛期过后,及时全面检查金属结构设备情况,发现问题及时处理。高度重视设备安全隐患排查治理工作,总结运行管理经验,综合分析设备运行状态,组织技术人员考察行业内的先进技术,进行专题调研,提出改进措施,及时解决设备存在的危及安全生产的隐患。

(四)加强培训,切实提高职工业务水平

几年来,尼尔基发电厂以各部门内部的业务培训为基础,以关键领域和重点工作为突破,多层次、多渠道开展了丰富多彩的职工业务培训活动,提高职工技术水平,在电厂内部形成一股讲业务、重实干的良好风气。

发电厂一直以来把专业人才队伍建设作为一项重要工作,以组织技术力量进行现场培训讲解和派遣各专业人员参加外部单位组织的各项培训活动相结合的方式,以理论结合发电厂工作实际开展业务培训,使各部门人员能够学有所长。发电厂培训工作具体分为三个方面:一是加强职工安全教育培训。发电厂组织全厂职工初级建筑(构)消防员、心肺复苏法应急培训,通过学习使电厂职工对一些知识有了深一步的了解,增强了职工的安全意识。二是开展职工业务培训工作。每年在冬天的生产淡季,组织专业技术人员进行全厂范围内的职业技术培训,聘请大学里相关专业教师担任讲师,合理计划培训课时,培训涵盖水轮机检修、发电机检修、变电检修、继电保护等专业课程;组织值长、副值长选拔考试,组织运行人员操作权考试、监护权考试。三是做好各部门业务交流。如,利用机组 A 级检修等契机,组织职工与机电安装检修公司的检修人员进行交流学习,理论联系实际,取得了良好的效果。这些培训工作的大力开展不但提高了各专业技术人员业务能力,还促进了专业人才队伍建设的可持续发展。

(五)加强精神文明建设,注重队伍素质培养

尼尔基发电厂始终把抓好职工的政治思想教育放在重要位置。制订了《政治理论教育方案》并紧跟上级党组织工作部署,高标准地参加政治理论学习。近年来,参加了学习党的十七大、十八大精神,科学发展观教育活动,群众路线教育活动,中央一号文件精神及中央水利工作会议精神等学习教育活动,同时注重开展警示教育活动,筑牢拒腐防变的思想道德防线等。党工团组织结合雷锋日、世界水日、五四青年节及纪念改革开放 30 周年、新中国成立 60 周年、新中国成立 65 周年、建党 90 周年等开展各类文体活动。特别是在每年的新春联欢晚会上，职工自编自演的节目更是给大家带来了欢乐，也充分展现了一线职工的精神风貌。通过开展各类健康有益的文体活动，寓教于乐，广大职工陶冶了道德情操，增强了理想信念，树立了正确的世界观、人生观、价值观。积极投身志愿服务，积极参与地方政府开展的义务植树、捐资助学、奥运火炬传递、汶川地震捐助等社会公益活动。特别是发电厂党支部积极开展"创先争优"、党员示范岗评比活动，使党员的表率作用更加突出。几年来，广大青年积极要求进步，主动向党组织靠拢，已有 7 位同志被吸收为中共正式党员，有 19 名同志被列为入党积极分子。

发电厂干部职工长年坚守在生产一线，无畏寒暑、默默奉献，做到了忠于职守，爱岗敬业，涌现了一大批先进人物和感人事迹。运行岗位 24 小时值班，检修维护人员时刻待命。有的上有老不能照顾，有的下有小不能呵护，有的适龄青年谈恋爱受到影响，特别是运行初期，人员配备少，工作强度大，同时值夜班青年需要克服睡眠时间的不规律，保证精力认真监视巡查，实现了设备安全高效运行。这样一群人，对父母对爱人对孩子有着深深的愧疚，但他们无愧于自己的岗位，无愧于水力发电事业。

二、主要问题

目前，尼尔基发电厂在生产管理方面存在的主要问题包括：

（1）部分设备早已升级换代，配件购买困难，是安全生产一大隐患。

（2）生产岗位人员配置不齐，个别职工一人坚守多个岗位。

（3）与其他电力企业比较，职工工资收入、福利待遇水平有待提高。

三、几点建议

尼尔基发电厂既是枢纽工程的关键部位，又是公司经济收入的主要来源，搞好发电运行意义重大。结合发电厂具体实际，我们提出以下几点建议。

（一）重视做好设备运行维护和升级改造

随着科技发展日新月异，发供电设备更新换代很快。尼尔基发电厂虽然建设期起点很高，但也必须时刻关注电力生产前沿，注重科技发展，不断提高现代化管理水平。具体要做好以下几项工作：

一是配备专业的维护人员，但不设大修队伍。尼尔基发电厂成立之初就确定了"无人值班，少人值守"，不设常规大修队伍的运行管理模式，以国内

"一流水力发电厂"为努力方向。由于维护人员设置少且专业性强，只能从事春秋检、日常较小的设备维护保养、事故紧急处理以及涉及保护、自动化、计算机监控等专业性很强的工作。所以，如果进行机组 A、B 级大修，或有大的技术改造，就需要聘请专业的施工队伍进行施工，同时应有自己的维护人员进行现场配合或监理。经过几年的试运行，证明是可行的，既弥补了尼尔基发电厂维护人员的不足，又保证了施工质量、缩短了施工工期，同时培养和锻炼了发电厂维护人员的业务能力。今后，尼尔基发电厂仍然要坚持走不设大修队伍，机组大中修走社会化服务之路。

二是重点要保质保量完成好每年汛前、汛后机组检修。嫩江来水量时空分布不均，全年降水量 80% 以上集中在 6～9 月。为保证发电设备的健康运行，每年汛前都应对所有的发电机组进行检修，以确保汛期安全可靠运行。在汛后，特别是水库水位大幅下降，机组出力明显降低，要对经历过满负荷发电的设备进行检查和消缺。所以，每年的汛前、汛后均需要对机组进行检修，包括开关站的一次设备及其他重要的辅机设备，并做一些常规的预防性试验，以确保这些设备可靠稳定运行。

三是机组大修要发挥业主作用，做到精细化管理。几年来，尼尔基发电厂机组 A、B 级检修项目，通过公开招投标选择检修队伍。其中，丰满电厂、莲花电厂等都是东北地区实力较强的检修队伍。所以，通过招标选择有资质的水电检修队伍来进行机组大修，既能保证检修质量，又能节约检修费用与成本。在实施机组 A、B 级检修项目时，发电厂必须在编制机组招标文件、大修方案上下功夫，对整个检修过程的每个环节制定严格的规程规范，以及操作要求、安全管理、质量标准、验收程序等，达到检修全程的精细化管理。从检修单位进入现场开始，一直到机组大修完成，开始 24 小时试运行，每个环节都有严格流程要求，同时检修人员与本厂维护、运行人员交流探讨本台所修机组存在的缺陷及各种事故隐患，然后共同制定技改方案、工作计划、检修项目详细时间表、安全保证措施和技术保证措施等相关事项，使机组整个检修过程处于可控、在控状态，确保检修按工期高质量地完成。

四是积极进行设备的更新换代。尼尔基发电厂首台机组于 2006 年 7 月发电，机组运行时间超过 8 年，又是河床式电站厂房，空气潮湿，设备老化快，特别是自动化程度高，更新发展快，所以在机组大中小修的同时，进行部分设备的更新换代一定要跟上。如，部分元器件不能兼容问题等，需要发电厂调研同行业先进经验，及早提出综合解决方案。

五是全面探索设备状态检修。设备状态维修是近年以来许多水电站积极探索的一种新型的检修模式。可根据当前实际的设备运行状况,通过先进的状态在线监测、可靠性评价以及寿命预测手段,综合设备的各种参数、状态信息,判断设备的真实状态,识别故障早期征兆,对故障部位及其严重程度、故障发展趋势做出判断,并根据分析诊断的结果在设备性能下降到一定程度或故障将要发生前进行维修,与传统的定期检修相比更科学、更有效,且节约大量的人力、物力。尼尔基发电厂应在这方面进行积极探索,可以采取与科研、高校单位进行合作等方式,测试机组在各种工况下振动、摆度、压力变化、应力应变、气蚀状况的数据,以获取机组运行的基础数据,以便为以后的状态检修提供技术支持和科学依据。同时要逐步安装一些技术先进、测量精度高的检测仪器。状态检修不仅对检修水平的提高意义重大,而且对设备的实时运行也很有帮助,从长远和即时的角度出发是非常有用的,能对突发性故障及时发现,以预防各种事故的发生。

(二)加强人才队伍建设

尼尔基公司要倍加珍视和爱护发电厂这支年轻队伍,努力做到用机制留住人,用待遇吸引人,用感情聚集人,用事业召唤人。一要制订人才发展规划和年度用人计划。根据工程运行管理及公司发展需要,依据董事会批准的机构设置及人员编制方案,编制《岗位素质描述手册》,描述每一个岗位需求人员素质要求,特别是发电厂的岗位要求,并以此作为今后选人、用人、进人的基本依据。二要采取多种方式引进专业技术人才。要根据每年的用人计划,认真抓好大中专毕业生的招聘工作。要根据发电厂岗位需求,采取公开招聘方式,向社会招聘技术成熟人才。三要搞好业务培训。要制定出台职工教育制度,落实好领导干部自主选学方案,把学时要求纳入年终干部考核评优、选拔任用重要内容,学时达不到规定标准的,不予以评优和提拔重用。要增加教育经费投入,鼓励参加社会专业考试,积极开展各类职工培训活动。特别是职工参加与本岗位专业技术相关的学历教育、专业技能考试,尽可能给予时间上的照顾,并报销一定比例的学费、差旅费等。积极开展科技成果评选表彰、青年科技论坛等活动,对优秀科技论文、先进应用成果给予表彰奖励。可以分专业领域成立"技术创新小组"或 QC 小组,通过试验操作、故障分析、参观调研、总结应用等方式进行技术管理和创新。采取邀请有关专家进行业务培训,组织学习电力生产各类规程、规范,组织与安全生产有关的知识竞赛、劳动竞赛等活动。通过一系列的措施,使这支人才队伍不断发展壮大,为今后发电厂运行管理储备充足人力资源。

（三）建立健全激励约束机制

进一步做好劳动管理工作，做到"多劳多得、少劳少得、不劳不得"，向"脏累苦险"一线岗位倾斜，逐步建立科学合理的劳动分配激励机制。建立责、权、利相统一的绩效考核制度，以最大限度地调动干部职工的积极性和创造性。编制工资改革实施方案，积极推进工资体制改革。研究国家有关政策，落实好企业年金、大病医疗保险、职工请休假等福利待遇。目前要实施好《岗位绩效考核办法》，在奖励系数上注重向生产一线的专业技术岗位倾斜。改进干部选拔任用和考核机制，特别是建立一套符合企业领导干部选拔、考核制度，形成干部"能上能下"的用人机制，让发电厂优秀青年干部能够脱颖而出。

（四）积极开展职工思想政治工作

一要抓好党的路线方针政策教育，开展学习新时期水利部党组治水新思路活动，学习掌握水利工作重要法律法规和条例，学习掌握习近平总书记有关新时期我国治水兴水的重要战略思想。通过学习和掌握与工作相关的法律法规和条例，提高依法办事、依法管理的能力。二要积极开展廉洁自律教育。采取主题教育、警示教育等多种形式，特别是加强《廉政准则》教育，做到关口前移，筑牢拒腐防变的思想道德防线。三要抓好企业文化建设。企业文化是促进企业不断发展壮大的精神动力和无形财富。每年制订文化活动方案，积极开展各类文化建设活动，特别是在打造发电厂自身特色文化元素方面取得成效，达到振奋精神、凝聚人心、鼓舞士气的作用。四要积极解决职工关心的热点难点问题。积极改善职工办公、生活条件，处处体现组织上对一线职工的关心和照顾。重视并搞好民主管理、民主参与，定期听取发电厂一线干部职工的意见和建议。五要抓好党的建设。公司党委要始终坚持党员标准，严格审批程序，优先发展一线党员。电厂党支部要充分发挥战斗堡垒作用，积极开展"创先争优"活动，坚持"三会一课"制度，团结带领广大职工群众为创造更大效益做出贡献。

综上所述，尼尔基发电厂虽然是一支年轻队伍，运行当中也存在一些不容忽视的问题，但只要牢固树立科学发展、安全发展的理念，始终坚持"严谨、细致、安全、高效"的工作方针，以抓班子、带队伍、强作风、重制度为总抓手，狠抓内部管理，大力推行标准化建设，强化目标，落实责任，就一定能够使发电厂管理水平和工作业绩走在同行业前列，为嫩江流域经济社会发展做出更大贡献。

（本文写于 2014 年 7 月）

实现美丽的尼尔基梦
需要理清工作思路

近一个时期以来,在中华大地上空回荡着一个铿锵有力的话题——"中国梦"。这是以习近平总书记为首的党中央对我国经济社会发展总体目标的高度概括,既饱含着对近代以来中国历史的深刻洞悉,又彰显了全国各族人民的共同愿望,为党带领人民开创未来指明了前进方向。

"国家好,民族好,大家才会好"。同样,大家好,民族好,国家才会好! 所以,实现美丽的中国梦,需要每一个中国人共同为之努力,需要每一个地区、每一个单位实现各自的美丽梦想。

作为嫩江干流上唯一一座控制性工程——尼尔基水利枢纽,在努力实现中国梦的伟大征程当中,如何实现自己的美丽梦想——尼尔基梦,需要全体尼尔基人去认真思考、科学谋划,并为之努力奋斗!

什么是尼尔基梦? 我的理解是:实现尼尔基工程良性运行和尼尔基公司可持续发展。再具体一点就是《尼尔基公司长远发展规划》中提出的,"应争取用5年到10年时间,破解资金、体制等制约公司可持续发展的关键问题,到2020年建成国家一级水管单位"。从尼尔基公司目前情况看,要想实现这一美好梦想,应确立"1234"的工作思路。

一、着力培育"一个精神"

这个精神就是"尼尔基公司精神",其表述为"不畏困难,自强不息,团结奋进,勇创辉煌",象征着全体员工百折不挠、勇往直前的伟大精神。公司尽管目前存在资金缺口、管理体制不适、工程竣工验收未能如期进行等困难,但只要全体员工不畏艰险、勇于担当,努力向上、永不松懈,团结一致、奋发有为,就一定能够战胜任何艰难险阻,取得新的更大的辉煌业绩。尼尔基公司精神是全体员工的精神支柱与梦想。"实现中国梦必须弘扬中国精神",实现尼尔基梦同样需要大力培育和弘扬尼尔基公司精神,用尼尔基公司精神凝聚人心、聚集力量、鼓舞士气、激励干劲。正像《中华人民共和国国歌》所具有的象征意义和激励效果一样;尽管创作于革命战争年代,但当今的中国仍然需要全体中国人民居安思危,万众一心,随时用鲜血和生命保卫我们伟大的祖国,创造更加美好的明天! 同样,我们大力培育和弘扬尼尔基公司精神,也是一样:通往成功的道路,从来不会一帆风顺;筑就梦想的征程,总会遇到崎岖坎坷。通过大力培育和弘扬尼尔基公司精神,使每一位员工都能发挥好主人翁作用,都能怀揣着一个美丽梦想,在各自的工作岗位上勤奋学习,努力工作,刻苦钻研,无私奉献。

二、争取破解"二个关键问题"

一是破解工程竣工验收问题。近期要加大工作力度,完成财务决算审计、环境保护工程、移民安置三个专项验收。特别是要重点协调落实由于移民安置漏登、漏项以及政策性调整造成的资金缺口问题,尽早完成移民安置专项验收。二是破解资金困难问题。积极协调贷款银行,尽早实现 10 年贷款展期,以满足工程安全运行的资金需求。积极探索其他资金引进方式,改变融资结构,为公司可持续发展创造条件。积极开展准公益型水管单位的政策研究,为建立适合工程良性运行的管理体制创造基础条件。

三、保证实现"三个安全"

一是防洪安全。认真落实防汛岗位责任制,增强应对洪水灾害的快速反应能力,进一步完善防洪抢险应急预案,切实做到思想到位、组织到位、人员到位、责任到位和措施到位,充分发挥尼尔基工程在嫩江、松花江防洪体系中的骨干作用。二是供水安全。加大水文预报研究力度,逐步形成长、中、短期预报相结合的多预报模式;优化水库兴利调度方案,逐步实现汛限水位动态控制,不断增强水库对下游工农业供水、城镇生活用水和生态环境补水等方面的保障能力;加强水资源保护工作力度,建设必要的水环境和水质监测设施,提高水库环境监测管理能力,提高应对突发性水污染事件的能力,为嫩江、松花江流域经济社会发展提供有效的水利支撑。三是发供电安全。以"严谨、细致、高效、安全"为目标,全面落实安全生产责任制,健全安全生产监管和考核体系,实现安全生产的规范化管理,提高突发应急处置能力,确保机组安全稳定经济运行。

四、推进建设"四个体系"

一是推进工程管理体系建设。优先保证工程运行管理设施建设,提高工程运行监测、维修养护管理水平。二是推进供水保障体系建设。建立切实可行的用水管水机制,在突出民生水利的前提下,确保水费收缴,为工程良性运行提供支撑。三是推进公司经营发展体系建设。有效利用公司现有的水土资源和人力资源,谋划公司长远发展战略,稳步发展多种经营。四是推进综合保障体系建设。加强党的建设,充分发挥基层党组织战斗堡垒作用和党员先锋模范作用;加强人才队伍建设,建立激励约束机制,促使人才脱颖而出;加大科技创新力度,加快科技成果的转化和应用;加强水文化建设,提高职工综合素质,积极改善办公生活环境。

伟大的中国梦,极大地增强了13亿人民的民族自信心和自豪感。美丽的尼尔基梦,同样会激发尼尔基公司全体员工的工作积极性和创造性。实现尼尔基梦可能需要三年五年,也可能需要十年二十年。但只要我们心中充满美好希望,自觉与公司同呼吸、共命运,忠实地履行好自己的神圣职责,大力发扬"不畏困难、自强不息、团结奋进、勇创辉煌"的尼尔基公司精神,勇于投身到公司改革与发展中来,以饱满的热情进行学习和工作,以百倍的勇气迎接困难和挑战,齐心传递实干兴邦的正能量,共同奏响美好时代的最强音,就一定能够实现美丽的尼尔基梦,并为最终实现中华民族伟大复兴的中国梦做出重要贡献!

（本文写于 2013 年 7 月）

培育三个人才高地
助推实现尼尔基梦

美丽的尼尔基梦是全体尼尔基人的美好期盼。实现美丽的尼尔基梦需要全体尼尔基人去认真思考、科学谋划，并为之努力奋斗！作为嫩江干流上唯一一座控制性工程——尼尔基水利枢纽的建设者和运行管理者，在努力实现中国梦的伟大征程当中，正在一步步努力实现自己的美丽梦想——尼尔基梦，特别是在人才培养方面取得了突出成绩，正在形成具有自身特色的"三个人才高地"。

第一个人才高地——工程建设管理人才高地。尼尔基水利工程 2001 年开工建设，经过了 6 年建设期，于 2006 年 7 月主体工程完工，之后又经历了 8 年的运行期，实现了工程防洪安全、供水安全、发供电安全，为嫩江松花江流域经济发展、社会进步、生态文明做出了重要贡献。通过 14 年来工程建设与管理的工作实践，锻炼了一大批工程建设管理者。截至目前，公司现有教授级高工 10 人、高级工程师 20 人、工程师 45 人，中级及以上专业技术人员占到了正式职工总人数一半以上。这支队伍来自工程建设一线，实践经验丰富，专业理论水平较高，是公司名副其实的人才高地。特别是近年来，公司倍加珍视和爱护这支队伍，努力做到用机制留住人，用待遇吸引人，用感情聚集人，用事业召唤人。公司实行了绩效工作制度，制定并实施了《岗位绩效考核办法》，在奖励系数上注重向生产一线的专业技术岗位倾斜。积极改善工程技术人员福利待遇，对每年晋升职称的专业技术人员予以全部聘任。制定出台了职工教育制度，增加教育经费投入，鼓励参加社会专业考试，积极开展各类职工培训活动。特别是职工参加与本岗位专业技术相关的学历教育、专业技能考试，尽可能给予时间上的照顾，并报销一定比例的学费、差旅费等。积极开展科技成果评选表彰、青年科技论坛活动，每年都能涌现一批优秀科技论文、先进应用成果。积极开展职工思想政治工作，改善职工办公、生活条件，婚丧嫁娶及时赶往慰问，时时处处体现组织上的关心和照顾。重视并搞好民主管理、民主参与，定期听取广大干部职工特别是党外高级知识分子的意见和建议。公司倍加珍视和爱护尼尔基品牌效应,用更大的业绩提高知名度,用更好的信誉树立新形象,创办了尼尔基水利枢纽网站,加大了社会媒体关于尼尔基工程防汛抗旱、环境供水等社会效益的宣传力度,吸引高层次专业技术人才,提升工程建设与运行管理能力。通过一系列的措施,使这支人才队伍不断发展壮大,为今后工程建设与管理储备了充足的人才资源。

第二个人才高地——发电运行管理人才高地。尼尔基发电厂现有正式职工 63 人,其中 35 岁以下的青年高达 75%,绝大多数是 2006 年以后参加工作的大学毕业生。这支队伍由无到有、由小到大,由没有经验到各项工作走上正轨,有的工作甚至走在了同行业前列。在实践中做到了忠于职守,爱岗敬业,守制度遵章程,始终以"严谨、细致、安全、高效"为目标,不断完善各项管理制度,努力推行标准化管理,坚持安全生产常态化,运行岗位 24 小时值班,检修维护人员时刻待命。在工作中采取给时间、给压力、给政策等方式,大力营造青年人快速成长、成才的氛围。他们分专业领域成立"创新技术小组",并通过实践操作、故障分析、借鉴吸收、参观调研、总结应用等方式进行技术管理和创新。多次邀请有关专家进行业务培训,组织学习电力生产各类规程、规范,组织与安全生产有关的知识竞赛、征文比赛、知识讲座等活动。紧密结合生产任务,组织青年实施技能劳动竞赛。如今,大部分青年已经走上中层领导、技术骨干及专职人员的重要岗位,为发电厂安全可靠运行提供了坚实的人才保障。就是这样一支年轻队伍,相继完成了四台发电机组 A 级大修,完成了各年度的自行承担的春、秋检修,出色完成了汛期大发电任务等。截至 2014 年 9 月 30 日,工程已经安全运行 2 585 天,累计发电 44 亿千瓦时。特别是在 2013 年大汛期间,发电机组连续满负荷安全运行 122 天,创造了机组投产以来连续满发时间最长纪录;年总发电量接近 10 亿千瓦时,上网结算电量 9.7 亿千瓦时,创造了经济效益历史最高纪录。实践证明,尼尔基发电厂是一支技术优良、作风过硬的队伍,是尼尔基公司乃至水力发电行业的人才高地。

第三个人才高地——水库运行调度人才高地。2013 年入汛以来,受嫩江流域持续降雨影响,尼尔基水库水位快速上涨,接连突破汛限水位,水库防汛度汛形势异常严峻。在"洪魔"面前,公司水情专业技术人员不辞辛苦、夜以继日,及时测报、准确预报,为国家防汛部门科学研判雨水情,及早部署防汛工作赢得了宝贵的时间。这支队伍,就是技术含量高、专业性强,被人们称为"千里眼、顺风耳"的水利尖兵。尼尔基水库运行 8 年来,公司水情部门通过请进来讲课,走出去学习经验,建立内部会商交流机制,注重学习和掌握新知识,注视国际国内前沿新变化,在水库调度信息化方面下功夫,技术人员水平大幅提高。为了保证水情自动测报系统安全稳定运行,公司水情部门每年汛前要对库区遥测站设备进行安装调试、检查维护、更换迁移工作,汛后对设备拆卸入库过冬。尼尔基水情自动测报系统处在北方高寒地区,春秋两季气温变化大,站点多,覆盖面大,每次行程近 2 万千米,历时 30 天左右,经常中午自带冷餐,夜晚寄宿农家,困难重重。这支队伍的水情业务工作得到了上级防汛部门的认可,被评价为"雨水情数据测得出、报得及时,水情预报反应快速、准确",为松花江防总科学合理调度水库提供了有力保障。特别是在迎战 2013 年大洪水期间,公司水情人员不分昼夜、坚守岗位、精细预报、科学研判,圆满完成了嫩江洪水的预测、预报和分析总结各项工作,用自己的实际行动和出色业绩,为嫩江松花江流域兴水利除水害做出了重要贡献。

伟大的中国梦,极大地增强了 13 亿人民的民族自信心和自豪感。美丽的尼尔基梦,同样激发了尼尔基公司全体员工的工作积极性和创造性。实现尼尔基梦可能需要三年五年,也可能需要十年二十年甚至更长。但只要我们努力搞好人才队伍建设,培育更多更高人才聚集地,并且做到人尽其才、才尽其用,各美其美、美美与共,就一定能够实现美丽的尼尔基梦!

(本文写于 2014 年 10 月)

发展尼尔基水库经济应该
抓好"五个一"

目前,尼尔基公司是一个没有财政拨款的水管单位。除发电收益外,其他经济效益并不十分明显。因此,如何充分利用好现有资源,统筹规划、合理开发、协调发展,是工程运行期间的重点工作之一。如何发展水库经济,我认为应该抓好"五个一",即一个依靠、一个关键、一支队伍、一个放手、一个保障。

一个依靠,就是充分依靠水库的优势发展经济。尼尔基水库的优势在哪里呢? 我认为有以下几个方面:一是水资源优势。水库建成后,正常蓄水位216.0 米,相应水面为498.32 平方千米,库区狭长100 余千米;当水位达到校核洪水位219.9 米时,水库蓄水达到86.11 亿立方米,水面开阔,形成人工湖泊,是目前已建成的东北地区第二、国内第六大水库。嫩江又是国内水质最好的两大江河之一,库区周围无大的"三废"点源,来自地表径流污染较小;库区浮游植物硅藻、绿藻等营养水平较低;水中有机质较少,浮游动物种类也较贫乏。大力发展水产养殖业,能够成为尼尔基水库的一个重要经济增长点。二是土地资源优势。水库类似平原水库,水面坡降小,库尾有大量的耕地和草地。在水库正常蓄水情况下,有相当大部分土地在216.0 ~ 216.78 米高程之间。土壤为暗棕壤、黑土、草甸土、沼泽土,土质肥沃。水库所在地区盛产农业作物、经济作物,为全国或省区重要粮食生产基地,与地方政府联合开发利用好土地资源,也会成为尼尔基水库的一个经济增长点。三是自然环境优势。这里东邻茫茫大兴安岭、呼伦贝尔大草原,西邻辽阔松嫩平原、大庆油田,春季花草芬芳,夏季麦浪翻滚,秋季层林尽染,冬季银装素裹,特别是冰雪资源、冰雪文化开发前景广阔。这里历史悠久,人文景观繁多。著名旅游景点有五大连池、扎龙自然保护区、呼伦贝尔大草原等。特别是尼尔基水库建成后,工程景观科技含量高,水工建筑物气势恢宏,泄流磅礴,蔚为壮观。发展好餐饮、旅游业也可以成为一个经济增长点。

一个关键,就是选人用人。这些年各单位搞多种经营,失误的主要原因之一就是用人问题。有的项目是很好的项目,可由于用人不当,造成了经营不善。有的人到了一个经济实体当"头儿",目的不是干事业,而是想捞个人好处。所以,这种干部一到公司首先讲究的是排场、阔气、享受,搞"三光政策",缺乏艰苦创业精神,其结果只能是一遇到困难,就束手无策,丧失斗志。这就是人们常说的:一个人可以搞垮企业,也可以救活企业。所以,用人问题是至关重要的问题。

选什么样的人?我认为主要应坚持两条:一是公而忘私;二是懂经营管理,也就是党的"德才兼备"标准。办企业不同于坐机关,是一项很艰巨的事业,需要艰苦创业、无私奉献;需要全身心地投入工作,牺牲一定的个人利益;需要顾了大家而忘小家。因此,办企业就意味着要自主经营、自负盈亏、自我约束、自我发展,就要走向市场、参与竞争,不懂经营,不善管理,是不可能办好企业的。总之,办企业要选能人当经理,这是办好企业的关键,也是搞好尼尔基水库经济的关键。

一支队伍,就是培养一支懂经营、善管理的水利经济干部队伍。尼尔基公司现有职工大学本科以上学历的占80%以上,具有高、中级技术职称的占50%以上。经过工程建设管理第一线的实践锻炼,技术力量很强,具有承担工程管理、施工监理、技术咨询、工程施工等项目的能力。然而,搞工程建设管理是优势,但搞水库多种经营却是劣势。

因此,一定要结合尼尔基公司长远发展战略规划,按照人才队伍梯次结构要求,研究制定《公司人才发展规划》。在规划当中,树立以人为本的思想,把整体性人才资源开发工作作为一项长期的任务来抓,要把经营管理队伍建设摆上重要的位置,像重视水利技术人才一样重视经营管理人才的培养和使用,加速建立一支能够适应社会主义市场经济要求,懂经营、善管理的水利经济干部队伍。可以采取送出去培训、引进来代培等多种方式,尽快解决目前水利经济干部队伍匮乏现象。对于水库经营管理项目,要建立法人治理结构,不拘一格选拔懂经营、善管理、恳吃苦的能人。同时,按照国家关于积极推进事业单位人员聘用制和企业单位全员劳动合同制要求,要以转换用人机制和搞活用人制度为重点,以推行聘用制度和岗位管理制度为主要内容,加快推进公司人事劳动制度改革,真正建立起人员能进能出、收入能高能低、职务(职称)能上能下的激励约束机制,为水库经营发展奠定良好的用人制度。

一个放手,就是放手让企业自己去干。即在确保上缴、确保国有资产保值增值情况下,赋予企业以"人、财、物"自主权,实现事(机关)企(经营)两分开。在用人上,企业的副职、企业的中层干部的使用,要由经理来选聘。在分配上,要打破国家规定的工资标准,工资可多可少,待遇能高能低。在用工上,要按任务定人、按技术要求选人,职工人数并不固定。只有赋予企业灵活多样的用人、分配制度,尽可能地减少"婆婆",才能够创造一个充满活力的企业。

当然,放手并不等于什么都不管,而应该以资产为纽带,用资产的有效实现形式来控制企业的存在规模。现在国有企业改革主要是所有权与经营权分离,尼尔基工程的所有权属于国家,但经营使用权可以放开搞活。应积极探索公益性资产与经营性资产的有效结合形式,确保国有资产有效配置。可以尝试建立股份制、股份合作制,吸引社会资本参与水库经营项目。但不论采取哪种形式,都要实现"自主经营、自负盈亏、自我约束、自我发展",放手让企业自己去干,才能使企业经营充满活力。

一个保障,就是保障企业在政策法律范围内运行。放权给企业,除了要以资产为纽带,还要用国家法律、政策来保障企业合法经营。如何保障企业合法经营?笔者认为应从以下几个方面去做:一是要帮助企业建立一个好的党组织,加强政治领导,起到战斗堡垒作用。二是要签订经济承包合同,对完不成上缴任务或造成国有资产流失的经理要就地免职,不再另用。三是要建立健全监督制约机制,如加大监察、审计工作力度,对经营不善或违法经营,造成重大经营失误或社会危害的,该处罚的处罚,该付之法律的付之法律,绝对不能姑息迁就。

当然,发展尼尔基水库经济是一项系统工程,以上只是几个主要问题。在实际工作当中,既要解决好主要问题,又要兼顾好一般性问题,既要抓住关键环节,又要处理好各方关系,只有这样,才能促进尼尔基工程良性运行和公司的可持续发展。

(本文写于 2010 年 5 月)

对尼尔基公司党委决策民主化的思考

尼尔基公司党委属于基层党委。基层党委与基层党支部作用有所不同,集中表现在基层党委直接参与本单位的重大决策。在工作实际情况中,不同地区不同单位的基层党委,参与重大决策的方式、方法、内容都有所不同,特别是受到主要领导干部的政治素质、民主作风、行为习惯等影响,使民主决策的效果具有很大差别。我们认为解决此问题的关键,是使尼尔基公司党委决策民主化。所谓决策民主化,是指民主的制度化、标准化、规范化和程序化。

一、决策民主化的关键是贯彻执行民主集中制

民主集中制是我们党的根本组织制度。党的领导方式和执政方式的许多重大措施,强调必须坚持民主集中制。我们党的多年实践证明,只有认真执行民主集中制,决策才能科学、正确,避免工作失误、少犯错误。基层党委在研究事项、做决策之前,也必须认真贯彻执行民主集中制。这是决策民主化的基本要求,也是基层党委组织建设的核心内容。

民主集中制在基层党委决策民主化方面的关键点,主要体现在民主与集中、多数与少数、集体领导与个人负责的关系处理上。在工作实践当中,应着力处理好民主参与与集体决策的关系,坚持民主基础上的集中和在集中指导下的民主,二者不可偏废;应着力处理好服从多数与尊重少数的关系,即根据多数人的意见做出决策,但对于少数人的意见,尤其是一再强调、反复呼吁、言之成理的意见,要引起高度重视;应着力处理好集体领导与个人负责的关系,既能避免一言堂、个人说了算,又能避免议而不决、贻误机遇等现象的发生。

民主与集中的表现形式是集权与分权。贯彻民主集中制要责、权、利对等。民主集中制执行的好不好,与班子成员的民主意识和责任感密切相关,实际上是决策成员的责、权、利关系不对称的结果。应建立决策失误责任追究制度,明确每个成员在决策过程中的职责,有利于形成每个成员的民主意识,克服"集体负责,人人无责"的弊端。这方面的例证不胜枚举。

二、决策民主化的基础工作是规章制度建设

制度建设具有根本性、稳定性和长期性。决策民主化也必须有制度做保障。基层党委决策民主化，除了贯彻执行好民主集中制外，建立健全规章制度是基础。必须首先制定一些符合自身实际的决策制度。如议事制度、调查研究制度、专家咨询制度、决策失误责任追究制度、信息反馈制度等。

几年来，尼尔基公司党委在决策民主化方面进行了积极实践，结合自身特点，制定下发了《公司党委工作规则》《公司民主管理工作制度》《公司职工代表会议制度》《公司职工（会员）大会提案工作制度》等民主管理制度。特别是实行了党政联席会议制度。党政联席会议由党委书记或党委书记委托党委副书记召集主持，主要由党委书记、副书记、委员，纪委书记、工会主席，总经理、副总经理、三总师参加，根据工作需要不定期召开。其议事内容包括：公司长远发展规划、年度工作计划及财务预算；处、科机构设立、变更、撤并及机构职责；岗位设置，人员配备，干部调动，新员工录用，部门之间人员调整；正、副处级干部的推荐、考察、任免、年度考核，科级干部的任免；住房、奖金、福利分配等与职工切身利益密切相关事项。党委决策民主化，对公司的科学决策起到了至关重要的作用，避免了行动上的偏差和工作上的失误，同时促进了班子成员之间相互支持、相互信任，也密切了党群、干群关系。

专家咨询制度对于进行重大事项的决策也很有效。每个人的知识、经验有限，班子成员也不可能事事通晓。因此，经过专家咨询论证的决策，有助于降低风险，减少失误。这几年，尼尔基公司实行专家咨询制度，多次开展专家技术咨询活动，为尼尔基工程建设质量、进度控制做出了贡献。

一个单位往往执行党和国家法律法规意识比较强，但执行本单位的规章制度却不认真不严肃。尽管内部制度全面而具体、汇编成册厚厚一大本，但不能严格执行、成了摆设。这方面应该引起高度重视，注意加大制度的执行力度，尤其是民主管理方面的"软制度"，不容易得到有效贯彻，更应当加大执行的力度。

三、决策民主化要贯穿决策和实施的全过程

基层党委决策是在获取足够的相关信息的基础上，对若干方案进行分析、判断和抉择，从中选取一个最具合理性和可行性的方案的过程。决策民主化的主要标准是群众的参与度、认可度。我们要始终坚持把群众拥护不拥护、高兴不高兴、满意不满意、赞成不赞成作为评判决策好坏的基本标准。在决策

前,要走群众路线,增强决策的透明度,扩大群众参与面,凝聚群众智慧,激发群众力量。特别是要发挥好工会组织的桥梁、纽带作用,广泛发动职工群众参与决策。在决策后,决策实施的过程更是一个民主化的过程。决策的实施需由群众来参与,决策的成果需由群众来共享。因此,一定要充分发扬职工群众的主人翁精神,采取多种形式和方法调动职工的积极性和创造性,努力成为决策的实践者和推动者。

尼尔基公司党委重视发挥群团组织桥梁、纽带、参谋、助手等作用,定期召开职工代表会、青年团员座谈会,开展合理化建议有奖征集活动等,使民主管理、民主参与、民主监督更加有效。其中,公司职工代表为常设代表,与下属分工会同届,在推动决策民主化方面起到了重要作用。另外,公司党委注重加强宣传工作,专门出台了《公司宣传报道工作制度》,通过简报、网站、办公自动化网、数字家园等信息渠道,把公司工作目标、任务、思路、安排、决策、决定、要求等及时进行通报,得到了广大干部职工的广泛理解、支持、参与,保证了决策民主化的有效实施。

决策的事前事中事后都要实事求是,紧密联系工作实际。实事求是既是党的思想路线,也是决策民主化的理论基础。决策的根本目的,是解决工作中遇到的实际问题。这就要求决策必须实事求是,调查研究,保证信息的真实性、可靠性、实用性,使主观更加符合客观,理论更加符合实际。只有实事求是,才能做出符合客观实际的正确决策,并在实践中自觉检验和修正决策。

四、监督工作是决策民主化必不可少的程序

领导决策失误是最大的工作失误,因此决策的好坏、决策的落实情况,需要有效的监督才能检验。监督是决策评价的有效手段,能及时对决策的不足之处进行修正、补充和完善,把决策失误造成的损失降到最低限度。

实践中我们体会到,对决策的监督应当来自以下几个方面:首先要接受群众的监督,特别是普通党员的监督。基层党委的决策涉及面宽,往往与群众利益相关,必须接受群众监督。而党员又是群众当中的先进分子,有较好的政治理论水平和良好的思想品德,来自党员的监督可能更公正、准确、有效。其次要接受下级组织的监督。基层党委一般有几个或多个党总支、党支部、党小组。下级党组织有权对上级党组织的决策依据、决策行为、决策结果进行监督。特别是党员领导干部过双重组织生活,更能够直接听到下级党组织和普通党员的意见和建议。尼尔基公司党委所属 6 个党支部 11 个党小组,仅定期和不定期召开的民主生活会一项工作,每年就能征求到党内外大量有价值的

决策信息,对公司党委的决策民主化起到了一定的监督作用。再次是接受纪检部门的监督。作为党内专司监督职责的机构,纪委委员或纪委书记,应该参与到党委的决策中来,既对决策有表决权,又对决策实施监督。最后是接受上级的监督。基层党委在决策过程中经常面临贯彻执行上级指示精神的问题,往往会以上级的意图为决策的前提和依据,盲目地照搬照抄上级的指示,从而使决策缺乏创造性,使本级的决策有背上级的精神实质,又脱离下面的具体实际,造成决策失误。因此,上级党组织可以通过检查工作,对基层党委的决策及其结果进行监督。实践证明,只有来自不同层次、方面的对基层党委决策的监督,才能有助于提高决策质量,减少决策失误,促进决策的科学化、民主化。

基层党委施行决策民主化,是保障决策正确性的必要条件,关系到一个单位的改革与发展、文明与和谐,具有十分重要的现实意义和深远的历史意义。尼尔基公司在这方面有了一些探索,但也需要在内容、标准、形式、方法等方面进一步加强和改进。今后,我们将进一步加强学习,提高认识,积极实践,勇于创新,努力推进公司党委决策民主化进程,发挥好政治核心作用和保证监督作用,使尼尔基工程创造更大的社会效益和经济效益,为嫩江两岸经济和社会发展做出更大贡献。

(本文写于 2007 年 9 月)

开好党员领导干部民主生活会
应注意的几个问题

　　党员领导干部民主生活会是查找和解决党员领导干部思想、作风、廉政建设上存在突出问题的有效途径之一。开好党员领导干部民主生活会，对于加强党性修养、增进领导班子团结会起到促进作用。下面，笔者就把尼尔基公司党委在筹备召开党员领导干部民主生活会的工作中，应着重做好的几项工作阐述如下：

　　一是明确会议主题。民主生活会是严肃的组织生活，必须突出主题。作为基层党委，民主生活会主题除要按上级要求明确的外，一定要结合实际，增加具有自身特色的内容。比如，在开展群众路线教育实践活动中，党中央要求要以"为民务实清廉"为主题，以反对"四风"、服务群众为重点，认真解决形式主义、官僚主义、享乐主义和奢靡之风问题。这是针对全党确定的主题，带有普遍性。但作为基层单位，我们可以以"务实"为主题，也可以以"清廉"为主题，还可以以"四风"中的一风为主题，甚至可以针对本单位大手大脚、铺张浪费现象比较突出的问题，确定"倡导勤俭节约，反对铺张浪费"为主题。总之，不要面面俱到，要有针对性，要根据征求意见情况，做深入调查研究，确定符合自身实际的主题。这样才能有的放矢，使民主生活会收到预期效果。

　　二是搞好学习教育。思想是行动的先导。无论做什么事情，要想达到预期效果，统一思想、提高认识是前提。党员领导干部民主生活会解决的是思想问题，要思想上高度重视。只有认识到位，才能克服应付思想、闯关心理、怕字当头。只有认识到位，才能广纳职工群众意见和建议，听得进刺耳批评，才能严以解剖自己，认真查找问题根源，才能开诚布公批评别人，公心善意对待同志。领导干部抓主业、抓大事，日常工作比较忙，很难收集到系统的学习资料，往往学习内容不系统、不全面、不深入，甚至临时抱佛脚，影响了学习效果。这些年来，作为组织者，笔者把上级要求学习的文件精神、必读篇目及收集的辅导文章等，汇编到一起，印发给各位领导，便于他们学习，往往起到了事半功倍的效果。同时，再利用理论学习中心组这个平台，采取集中学习辅导的方式，有针对性地举办与主题有密切关系的辅导报告等。学习教育搞好了，思想认识提高了，不用去督促和提醒，领导自己就按要求做好了。

三是认真征求意见。领导好不好，职工群众说了算。领导工作忙，平时不一定有大块时间专门去听取职工群众意见和建议。而职工群众的意见和建议，是领导认清问题、改进工作、科学决策的重要依据。借召开民主生活会之机，集中听取职工群众意见和建议是非常必要的。所以，作为组织者，一定要会前把群众的意见和建议摸清弄准，并原汁原味地反馈给领导班子及领导干部本人，会上大家有针对性地对照检查，批评和自我批评，真正让会议开得"脸红心跳"，思想受到触动，达到"批评—团结—再批评—更团结"的效果。按照上级要求，通常采取的是发放征求意见表、召开不同对象不同层次座谈会、个别访谈等方式征求意见和建议。这里也有一个结合工作实际的问题，就是一把钥匙开一把锁。特别是要事先做好宣传动员工作，让职工群众敞开心扉、畅所欲言，毫无保留地把想说的话说出来。防民之口甚于防川。职工群众的意见和建议多，并不一定说明我们的工作问题就大；相反，职工群众意见少甚至没有意见，那才是最危险的事情。征求到的职工群众意见和建议，要原汁原味地反馈给各位领导。什么是原汁原味？为了便于分析问题、查找成因，需要梳理、归纳群众意见和建议，但这样往往会给领导领会职工的真实意图造成偏差。这些年来，笔者在组织反馈职工群众意见和建议时，一般是给各位领导两份，一份是没有任何梳理、归纳的"原始意见"，一份是已经进行梳理、归纳的"加工意见"。这种做法可能有人担心，由于有的意见很伤"面子"，甚至是带有人身攻击，但是作为领导尤其是一名优秀领导，是可以做到"有则改之、无则加勉"，闻过则喜，是不会受到任何干扰的。

四是广泛开展谈心交心。民主生活会是批评人的会议，容易产生误解和矛盾。这就要求会前多沟通、多交流、多谈心交心，基本达成谅解和一致认识。只有相互谅解，欣然接受对方提出的问题，听得进别人的意见和建议，才能使会议在和谐、融洽的气氛中进行。有的领导往往不重视会前的谈心交心，到会上就直接批评人，这种现象往往造成心理隔阂，甚至在会上就发生争吵，使民主生活会不仅没有达到帮助的目的，反而造成了负面影响。班子成员之间必须相互谈心，必要时还要与分管部门负责人谈心，特别是要与平常和自己有矛盾的人谈心。笔者的经验是，规定谈心次数，要不少于班子成员人数的组合数。

五是认真撰写发言提纲。党员领导干部民主生活会的发言提纲，就是个人的党性剖析材料。所以，要结合问题谈思想、谈认识，谈理想、谈信念，谈党性、谈纪律，深挖思想根源，触及灵魂深处。切忌就事论事，写成工作总结。要少用修饰词、形容词，不能以谈成绩代替谈问题、以谈工作代替谈思想、以表扬代替批评。领导班子的发言提纲要由"一把手"主笔，领导个人的发言提纲也要自己撰写。写的过程是思想交锋、认识碰撞的过程，决不应该由秘书代劳。领导班子的发言提纲是制订整改方案的基础，是今后工作的指导性文件，一定要由"一把手"主持起草，并广泛征求职工群众意见，尤其要由领导班子集体研究通过，取得班子其他成员的共识。

六是制订整改方案。民主生活会开完后，每位领导班子成员都要将会上提到的问题整理好，并就问题制定出具体的整改措施。往往这一点被忽视，上级没有要求上报个人整改方案，大家也就没有制订具体的整改方案，最终变成了会议一开完就万事大吉。其实，个人问题的整改情况如何，是要在下一次民主生活会召开时汇报的。只有个人也制订了整改方案，才能使整改有依据，并在下一次民主生活会召开时分清老问题和新问题，对提高党性修养更有帮助。领导班子的问题更应形成整改方案，并在一定范围内进行通报。整改方案一定要明确责任人、时间表、完成质量标准，具有可操作性。重大问题或职工群众关心的热点难点问题，应形成专题方案；解决起来需要时日的问题，还要制订规划计划。任何措施关键在落实，民主生活会的整改方案更是这样，一定要把整改措施真正落到实处。有的问题要实行责任制，分工负责，责任到人；有的问题要实行督办制，跟踪检查、随时督导。要发扬钉钉子精神，做到"抓铁有痕、踏石留印"，确保整改措施取得实实在在的效果。

几年来，尼尔基公司党委在党员领导干部民主生活会上，工作规范、认真，提高了党员领导干部的党性修养，也增进了领导班子团结进步。

（本文写于 2013 年 2 月）

创建学习型基层党组织活动的实践探索

党的十七届四中全会提出:在全党营造崇尚学习的浓厚氛围,积极向书本学习、向实践学习、向群众学习,优化知识结构,提高综合素质,增强创新能力,使各级党组织成为"学习型"党组织、各级领导班子成为"学习型"领导班子。为了深入贯彻落实党的十七届四中全会精神,尼尔基公司党委进行了积极实践、努力探索,特别是在全公司范围内积极开展了读书竞赛活动,取得了较好的初步成效。具体做法如下。

一、细化了创建活动内容及形式

(一)学习内容

党的十七届四中全会明确要求:党员、干部重点学习马克思主义理论,学习党的路线方针政策和国家法律法规,学习党的历史,同时广泛学习现代化建设所需要的经济、政治、文化、科技、社会和国际等各方面知识。结合具体实际细化如下:

(1)政治理论:围绕什么是马克思主义、怎样对待马克思主义,什么是社会主义、怎样建设社会主义,建设什么样的党、怎样建设党,实现什么样的发展、怎样发展等重大问题为基本内容开展学习。具体包括马克思列宁主义、毛泽东思想、邓小平理论和"三个代表"重要思想,党的基本理论、基本路线、基本纲领,党的革命史、发展史,党和国家的方针、政策,党在改革开放实践中形成的最新理论创新成果和中央一系列重要会议精神,上级党组织每年布置的专题理论学习任务等。

(2)经济知识:社会主义市场经济知识、现代管理知识、财经管理知识、国际经济等涉外经济知识。通过学习,全体党员、干部进一步增强以经济建设为中心的意识,不断提高为经济建设服务的能力和水平。

(3)法律法规:社会主义法制理论、重要法律法规和条例,特别是水利工作重要法律法规和条例。通过学习,了解和掌握与工作相关的法律法规和条例,提高依法办事、依法管理的能力。

(4)廉政规定:按照建立"大宣教"格局的要求,把廉洁自律教育纳入学习内容,认真学习中纪委、国务院党风廉政会议精神和"八荣八耻""八项禁止"规定,开展党风廉政建设主题教育系列活动,积极开展警示教育,做到关口前移、教育在先、防范在前,夯实廉洁从政的思想道德基础,筑牢拒腐防变的思想道德防线。

(5)科技知识:现代科技知识及动态,特别是现代信息技术及使用;水利工程建设管理前沿知识及发展趋势等。

(6)文化知识:优秀的国学知识、历史知识、地理知识、文学艺术等传统文化、自然知识和社会知识。通过学习,不断丰富党员、干部的文化知识,提高素质,陶冶情操。

(7)业务知识:根据本岗位的工作要求和特点,认真学习技术管理、行政管理、专业知识和技能,积极开展岗位技能培训,促使干部职工钻研本职业务,不断提高工作水平和工作能力。

(二)活动方式

概括要做到"四个相结合":集中学习与个人自学相结合;在职学习与脱产学习相结合;学习统一规定的必学内容与学习本部门(单位)有关专业知识相结合;正常有序学习与围绕中心工作学习相结合。具体如下:

(1)集中学习。举办各种形式的形势报告、辅导报告、知识讲座、理论研讨、电化教育、学习测试等。党委中心组每季度集中学习一次,每半年请有关专家作一次辅导,每年组织学习交流会一至两次。各党支部要坚持每月集中学习一次。要按照党委的学习计划,组织党员、干部学习指定的内容和必读参考书目,并采取形式多样的读书活动,利用和开发学习资源,调动党员、干部积极参与学习。

(2)个人自学。倡导"日读千字、周写一文、季看一书、年学一技"的自学制度。各党支部要制订读书计划,统一选定书目(可以在"尼尔基数字家园·数字图书馆"选择书目,也可以自行选择其他书目),安排党员、干部共同学习。党员干部要根据学习计划,依据"缺什么补什么"原则,可自行确定书目学习,坚持每天自学。

(3)积极开展调查研究。针对本单位当前及今后工作上的难点、热点、重点等问题开展深入的调查研究。主要领导除平时业务需要随时深入基层外,对一些大的活动要亲自参与,要有意识地选择某一方面或某一领域深入调研;处级干部要及时了解本部门(单位)情况,掌握第一手材料,为公司决策提供科学依据。

（4）建立和完善学习交流平台。党委应定期召开学习交流会、专题研讨会和文章写作征文活动；开展评选优秀学员、优秀心得体会文章等活动；编发《学习简报》，及时传递学习信息，选登学习文摘，推荐学习书目，交流学习心得，以此推动学习深入开展。

（5）落实教育培训计划。行政部门要研究制订《人才发展规划》，每年要制定《职工培训计划》，明确人才发展长远和近期目标、计划、措施，并积极开展人才培养活动。特别是要抓好青年人的培养，建立符合本单位可持续发展的人员梯次结构。

二、明确了创建活动目标及步骤

根据尼尔基公司工作实际，明确了创建学习型党组织活动将用 5 年时间（2009 年 12 月至 2014 年 12 月）达到工作目标。

总体目标：通过创建学习型基层党组织活动，营造一种勤于学习、善于学习、乐于学习、勇于创新的组织环境，建设一支政治觉悟高、业务能力强、服务意识优、工作业绩佳的党员和干部队伍，形成一套有效、管用的党内教育培训体系和工作机制，从而进一步增强党组织的凝聚力、战斗力和号召力。

具体目标：2011 年 12 月学习型党支部、学习型干部、学习型党员，分别达到 30%；2012 年 12 月，分别达到 70%；2013 年 12 月，都要达到 100%。

（一）启动实施阶段（2009 年 12 月至 2010 年 6 月）

（1）在党委的领导下，深入开展宣传动员，树立全员学习、终身学习理念，营造自觉学习、勤于学习、善于学习、勇于创新的良好氛围，形成人人参与、层层落实的新局面。

（2）党委要结合实际，制订年度《创建学习型党组织活动的工作计划》；各党支部要制订支部创建学习型党组织活动的具体实施方案。

（二）全面推进阶段（2010 年 7 月至 2014 年 6 月）

（1）在党委、行政的分头安排下，有计划、有步骤地组织和引导党员、干部参加学习和在职培训、个人自学，形成全员学习、全过程学习的良性机制。

（2）适时召开学习研讨会、经验交流会，大力宣传、推广先进经验和典型。

（三）巩固深化阶段（2014 年 7 月至 2014 年 12 月）

（1）总结、巩固、完善多层次学习体系和制度保障体系，使创建学习型党组织活动走向规范化、制度化、系统化。

（2）树立、推广和表彰创建学习型党组织先进集体和先进个人，总结和巩固学习成果,促进学习成果的转化、利用和提高。

(3)巩固和完善以素质教育为核心,以知识更新为重点,以在职培训为主渠道,以年度考评为重要措施,以个人自学为重要形式的终身学习教育体系,并使这一体系成为公司党建工作目标管理责任制的重要考核指标。

三、提出了评选学习型先进组织和个人条件

(一)学习型先进个人评选条件

(1)学习计划性强。年度有比较科学的政治理论和业务知识自学计划,业余学习有日程安排、有学习笔记、有心得体会或调研文章。

(2)学习自觉性高。能积极参加公司和处室(党支部)组织的各类理论、业务学习和竞赛活动,刻苦钻研本职工作业务知识和现代科技、经济等知识,并在学习型党组织创建活动中发挥表率作用。全年读书 4 本以上,记学习笔记在 1 万字以上,写心得体会 4 篇以上。

(3)有理论调研成果。勤于探索和思考公司或本职工作中的重大问题,全年撰写相关理论或调研文章 2 篇以上,在地市级以上报刊上发表专业论文 1 篇以上。

(4)有明显学习成效。通过学习,个人理论和业务功底明显夯实,工作质量和效率明显提高,开拓创新能力明显增强,工作实绩明显增多。参加在职学历学位进修者,做到工作和学习两不误,按时取得了毕业文凭或学位。全年至少有 1 项本职工作或成果获得公司级以上表彰奖励。

(二)学习型党小组评选条件

(1)学习计划性强。制订了年度读书活动工作计划,有活动内容、时间步骤、措施办法等。

(2)学习自觉性高。能积极参加公司和党支部组织的各类理论、业务学习和竞赛活动,出勤率达到 80% 以上。有学习活动记录、召开学习交流会议。党小组成员全年人均记学习笔记 5 000 字以上,撰写心得体会 10 篇以上。

(3)有理论调研成果。勤于探索和思考公司和本部门(单位)工作中的重大问题,全年撰写相关理论或调研文章 3 篇以上,在省部级以上期刊上发表专业论文 1 篇以上。

(4)有明显学习成效。通过学习活动,党员干部的学习积极性和自觉性得到增强,开拓创新能力明显增强;本部门(单位)工作质量和效率明显提高,工作实绩明显增多。工作和学习做到了"两不误、两促进"。全年至少有 2 项应用(论文)成果获得公司级以上表彰奖励。

(三)学习型党支部评选条件

(1)学习计划性强。制订了《开展创建学习型党组织活动方案》及年度读书活动工作计划,有活动内容、时间步骤、措施办法等。

(2)学习自觉性高。能积极参加公司组织的各类理论、业务学习和竞赛活动,出勤率达到80%以上。有学习活动记录,定期召开学习交流会议。党支部成员全年人均记学习笔记5 000字以上,撰写心得体会15篇以上。

(3)有理论调研成果。勤于探索和思考公司和本部门(单位)工作中的重大问题,全年撰写相关理论或调研文章5篇以上,在省部级以上期刊上发表专业论文2篇以上。

(4)有明显学习成效。通过学习活动,党员干部学习积极性和自觉性得到增强,开拓创新能力明显增强;本部门(单位)工作质量和效率明显提高,工作实绩明显增多,工作和学习做到了"两不误、两促进"。全年至少有4项应用(论文)成果获得公司级以上表彰奖励。

四、制定了保证措施和要求

(1)切实加强组织领导。公司党委负责对此项工作的全面领导,同时成立创建学习型党组织活动领导小组,具体领导公司创建学习型党组织活动。领导小组下设办公室,成员由党办、人事处、办公室、工会、团委主要负责同志组成,负责创建学习型党组织活动的具体实施。各党支部也要设立相应的领导机构和办事机构。各部门(单位)主要领导负总责,分管领导亲自抓,设专人具体抓,形成合力。

(2)认真制订工作计划。党委每年研究制订全公司的学习计划。各党支部要按照党委的部署,认真研究和制订支部的实施方案和党员干部个人的学习计划,保障各项学习活动落到实处。各级领导班子和领导干部要带头学、带头讲、带头写,发挥表率作用。各部门(单位)要切实把创建学习型党组织活动作为一件大事来抓,摆上议事日程,纳入整体工作通盘考虑,统筹安排,与行政业务工作一同部署、一同落实、一同总结。

(3)建立健全考评机制和激励机制。党委将结合实际,制定相应的学习考评制度、学习档案管理制度、学习奖惩激励制度等。各党支部也要建立考评机制,随时掌握党小组、党员干部的学习情况,并及时帮助解决学习中的困难和问题。改进领导干部考核方式,做到"述职、述廉、述学"并重。建立"述学、评学、考学"工作机制,将学习态度、学习成绩作为年度考核定级的重要依据之一。评选先进学习型党组织和个人,采取自我申报、组织考察、上级审批的方式自下而上进行,年底前由各党支部将自荐(推荐)名单及事迹材料报公司党委。公司党委将对所推荐对象进行考察、评选,在年终时择优表彰一批"学习型党组织""学习型党小组""学习型党员(干部)"。

(4)保障经费投入。公司将安排必要经费购置学习资料及设备、开展学习奖惩活动等,确保创建学习型党组织活动的顺利开展。

五、取得了一定工作成效

紧密结合工作实际,公司党委专门印发了《公司开展创建学习型党组织活动实施方案》。实施方案提出了5年活动规划,明确了工作目标、主要内容、主要形式和方法、主要措施和要求等,为创建学习型党组织活动的顺利开展奠定了坚实基础。今年年初,公司党委特制订《2010年开展读书活动竞赛方案》,进一步细化活动内容,创新活动方式方法,使公司创建学习型党组织活动稳步推进、扎实开展。公司党委召开了读书竞赛活动宣传员会议,提高读书活动重要意义的认识,营造自觉学习、勤于学习、善于学习的良好氛围,形成人人参与、层层落实的新局面。在《数字家园》网站上创建了"辉煌世纪——视听数字图书馆",刊载各类书籍26 000余册;图书阅览室累计储藏各类图书300余册;组织全体职工收听收看专题辅导报告4次;组织召开学习成果交流大会2次,大会交流学习成果16篇;职工撰写各类论文、报告50余篇(份),在有关公开报刊发表文章10余篇。有的党支部根据公司党委要求,制订了创建学习型党支部活动计划;有的党员已经开始撰写读书笔记、心得体会文章;工会、团委、人事处、安委办等部门按照实施方案要求,制订年度职工培训计划,并组织开展辅导报告会、知识讲座等。公司上下创建活动有声有色,不断推出学习成果。

创建学习型党组织是一项长期的系统工程,非一朝一夕之功。尼尔基公司在创建学习型党组织活动中做了一些探索和实践,并取得了一定成果,但与中央和上级党组织要求还有较大差距。今后,公司将贯彻落实中共中央《关于推进学习型党组织建设的意见》,在提高广大党员、干部的创新能力,提高党组织的创造力、向心力、凝聚力上下功夫。特别是要以运用科学理论解决实际问题为重点,引导党员、干部紧扣实际,学用结合,学以致用,把学到的新理论、新理念、新知识、新技术运用到本职工作中去,提高创新能力和工作水平,把学习的成效转化为工作的成果,为尼尔基工程发挥更大社会效益做出更大贡献。

(本文写于2009年11月)

尼尔基公司开展廉政风险防控工作的主要做法

按照水利部党组《关于在重点领域推进廉政风险防控工作的通知》要求，尼尔基公司积极开展廉政风险防控工作，取得了较好的阶段性成果，确保了"工程安全、资金安全、干部安全、生产安全"，为嫩江流域经济社会发展提供了有效的水利支撑。具体情况如下。

一、主要做法

(一)领导重视，健全组织

为切实抓好廉政风险防控工作，根据水利部党组和松辽委党组的安排部署，成立了由党委书记任组长、纪检书记任副组长，各部门(单位)主要负责人为成员的廉政风险防控工作领导小组。领导小组下设办公室，办公室主任由纪检书记兼任，办公室副主任由监察处处长兼任，成员由各部门(单位)分别指定一名工作人员兼任，具体负责日常工作。公司防控工作领导小组制定印发了《公司关于开展廉政风险防控工作的通知》，明确了工作目标、工作任务、工作措施，做到了有领导、有组织、有计划、有安排、有标准、有措施，确保了廉政风险防控工作的有效开展。

(二)责任明确，具体到人

公司上下把贯彻执行《防控手册》作为当前反腐倡廉建设的重要任务，纳入业务建设和管理工作之中，确保了各项防控措施落实到位。各级干部按照党风廉政建设责任制"一岗双责"的规定，结合业务工作，将廉政风险点所涉及的对象进一步明确到具体岗位、落实到人，确保责任落实到位。各责任人认真履行防控责任，认真对照《防控手册》，逐个流程、逐个环节、逐个风险点、逐个防控措施检查落实，确保不留任何风险防控死角。

(三)大力宣传，营造氛围

廉政风险点查找是一项政策性、系统性都很强的工作，要求高、涉面广，时间紧、任务重。公司及时召开廉政风险防控工作动员会，传达上级廉政风险防控工作会议精神,动员和部署公司廉政风险防控工作。按照公司党委要求,公司所属七个党支部也分别召开布置会议,层层落实会议精神和工作任务。公司纪委还适时举办了《防控手册》培训班,提高办公室及各部门(单位)具体工作人员业务水平。通过召开会议、传达文件、学习有关资料及在局域网络上开辟专栏等形式,大力宣传廉政风险防控工作,让广大干部职工学习、了解、掌握廉政风险防控工作的意义、作用及方式方法,提高了广大干部职工的思想认识,使全体干部职工对廉政风险的定义、风险点的确定、防控措施的制定,以及如何编制《廉政风险点及措施一览表》等有了全面掌握。全公司上下形成了统一做法和工作合力,做到了人人参与、人人受到教育,确保了廉政风险防控工作的有序进行。

(四)严格程序,认真查找

尼尔基公司既是一般性企业,又是工程建设管理单位,所以既存在人事、资产、工程重点领域,同时全公司也是重点领域。在工作中,我们既突出资金资产管理、干部人事管理、工程建设管理三个重点领域,又做到了全员查找风险点,全员制定防控措施,全员参与受教育。在查找风险点工作中,采取“自己找—同事提—群众帮—领导点—组织审”的方式,分别在重大事项决策、重大项目安排、大额资金使用权、处科级干部任免、物资采购管理、公务接待管理等环节查找出 391 个廉政风险点。按照危害程度和发生频率等,先后采取干部职工议推,分管领导初步审查,风险防控工作领导小组初评,党委会议集体研究审核,对廉政风险点进行了全面评估。评出了公司领导班子风险点 128 个,其中,一星级风险点 14 个、二星级风险点 87 个、三星级风险点 27 个;公司各部门风险点 391 个,其中,一星级风险点 126 个、二星级风险点 163 个、三星级风险点 102 个。目前已印发了《公司领导班子廉政风险防控手册》和《公司各部门廉政风险防控手册》,并按照干部管理权限,报送了上级纪检监察部门。

(五)完善措施,建立机制

尼尔基公司在查准、查全、查深廉政风险的基础上,根据工作实际,对照党和国家有关法律法规,进一步梳理和清理了公司现有规章制度。特别是对有关重大决策、重要人事任免、重大事项和大额资金使用等方面规章制度,进行了修改和完善,使公司的各项工作更加规范、管理工作更加科学。截至目前,公司新的制度汇编已经印发,总计印发八大类 66 项,其中新制定、修订 22 项规章制度。按照本次廉政风险防控工作要求,下一步还将制定出台 3 项制度。

（六）检查验收，巩固成果

一是开展了廉政风险防控"回头看"工作，做到了及时查缺补漏、进展平衡、不留死角。二是按照驻部组局在山东济南召开的水利系统廉政风险防控工作座谈会要求，公司及时召开了廉政风险防控工作推进会，就下一步工作进行了再动员、再部署。三是认真开展廉政风险防控工作总结，通过总结查找不足、提高认识。四是认真抓好年终考核，通过考核进一步督促查找漏洞、完善措施、巩固成果。

二、工作成效

通过开展廉政风险防控管理工作，增强了领导干部防范廉政风险的自觉性，提高了广大党员干部的廉洁自律意识，切实转变了全体干部职工的工作作风。公司上下紧紧围绕工程运行管理中心工作，以邓小平理论、"三个代表"重要思想为指导，牢固树立和全面落实科学发展观，坚持"党要管党、从严治党"的方针，切实加强基层党风廉政建设。目前，领导班子团结一心，奋发向上，清正廉洁，真抓实干；各级干部率先垂范，任劳任怨，在职工中树立起了良好形象；广大职工团结一心，奋发向上，初步形成心齐气顺、风正劲足的和谐局面，为尼尔基工程实现最大社会效益起到了保驾护航作用。

（一）廉洁自律教育取得新进展

尼尔基公司每年都要制订切实可行的主题教育方案（计划），积极开展政治思想教育、警示教育等活动。目前公司已经形成了以党委理论学习中心组学习为基础，以党支部上党课分散学习为辅助的政治理论学习教育机制。今年，公司党委及时召开2012年党风廉政建设工作会议，总结了2011年党风廉政建设和反腐败工作，部署了2012年工作任务。按照有关要求，及时安排学习了中纪委十七届七中全会精神，国务院第五次廉政工作会议精神，及水利部、松辽委党风廉政建设工作会议精神等。组织党员、干部观看了《慎独慎微警示录》《失衡的秤》等录像片。组织党员学习习近平、李源潮等关于保持党的纯洁性讲话和文章，有的党支部还组织党员参观全国新农村典型——甘南县兴十四村，参观中国重型机械工业摇篮——第一重型机械厂，参观了爱国主义教育基地——马恒昌小组展览馆等，进行党性党风教育。

（二）领导干部作风建设取得新成效

公司领导班子认真遵守民主集中制，严格执行《公司党委工作规则》《经理办公会议议事规则》，重大决策、重要项目安排、大额度资金使用、机构设置、干部任免、人员调配、职工切身利益事务等,集体研究、民主决策。公司领导班子积极开展调查研究,经常深入基层联系群众,关心职工疾苦,帮助职工解决工作和生活上的困难。特别是涉及职工切身利益事情,如职工住房问题整改、小区物业管理等,广泛征求职工意见和建议。公司常年设立"民主管理意见箱",保持民主管理渠道畅通,及时办理职工意见和建议,深受职工好评。公司领导坚持常年访贫问苦,开展"五必谈六必访"活动,对职工婚丧嫁娶、有病住院等,及时前往探望慰问,春节期间专门对遗属进行了走访,带去了组织上的关怀。

(三)党风廉政建设责任制更加扎实

按照《惩防体系工作方案》要求,认真落实党风廉政建设责任制,明确责任,各负其责,层层监督,齐抓共管。年初制定印发了《党风廉政建设任务分解方案》,与公司领导班子成员及正副处级干部签订了《领导干部党风廉政建设责任状》,做到责任到人、各负其责。按照中央《建立健全惩治和预防腐败体系2008—2012年工作规划》及上级文件要求,公司突出做好对领导干部特别是主要领导干部的监督,切实加强基层党风廉政建设。按照干部管理有关规定,专门召开了廉政谈话会议,对新提拔的4名副处级干部进行了集体廉政谈话。公司进一步畅通、拓宽信访举报渠道,加大对上级转办件的核查力度,做到转办一件核查一件。按照驻部监察局的要求,积极开展了信访举报工作的调查研究工作,分析公司信访举报工作特点,并采取有效措施改进和加强信访举报工作。

(四)内部建设得到提升

积极推进制度化、规范化和标准化建设。完成了公司管理制度修编工作;加大了督办工作力度,实行了"首办责任制"和"办事限时制"。进一步完善了岗位绩效考核机制,建立了《行政工作绩效考核办法》,将政务工作与绩效考核挂钩。加强信息化建设工作,完成了水情信息网升级改造、财务专网接入等信息化建设工作;完成了网络监管软硬件设备的升级工作等,行政管理水平得到进一步提高。

加强计划管理、资金管理和技术管理。在项目立项、合同签订、资金支付、物资采购各环节加大监督管理力度,严格按程序办事。特别是在资金管理方面,以预算管理为中心,严格执行预算控制和资金计划,合理控制开支,保障了生产经营活动的顺利开展。充分发挥审计监督职能,加强所属经济实体的财务管理,进一步规范经济行为。

积极做好职工培训和干部培养,开展了副处级干部公开选拔活动,有 4 名副处级干部通过竞争上岗。注重引领年轻同志技术学习和科技创新,技术管理水平进一步提高。积极探索劳动分配制度改革,制订了《职工工资体系改革方案》。积极协调地方政府,完成了职工社会劳动保险工作。

公司坚持"安全第一、预防为主、综合治理"的方针,狠抓安全生产工作,强化安全管理及安全文化建设,发电安全运行 1 900 余天,自公司成立以来从未发生特重大安全事故。公司干部职工未发生违法乱纪现象,实现了工程安全、资金安全、干部安全、生产安全。

三、存在问题

(1)公司开展廉政风险防控工作,总的情况比较顺利,达到了预期的目的,但也存在一些不足,主要是个别同志在思想认识上有一定的偏差,认为廉政风险与一般工作人员无关,参与热情不高。

(2)开展廉政风险点查找工作是一项长期的系统工程,随着新形势、新任务的发展变化,要不断创新工作方法,使廉政风险防控工作更加扎实有效,为水利事业跨越式发展提供可靠保证。

四、下一步工作重点

(1)认真落实风险防控措施。公司将组织各部门(单位)对照《廉政风险及防控措施一览表》提出的防范控制风险的具体措施和办法,认真查找制度建设和制度执行方面存在的漏洞,进一步健全完善权力运行制约监督机制,规范具体工作规程和业务流程,适时将风险防范措施上升、固化为反腐倡廉制度,着力形成以岗位为点、以程序为线、以制度为面的廉政风险防控机制。同时,充分运用现代信息技术手段,切实加强对权力运行的实时监督和过程控制,努力提高风险防控科学化水平。

(2)积极开展好自查自纠工作。公司将根据不同层面、不同业务、不同岗位的特点,进一步加大专题调研和分类指导的工作力度,及时总结风险防控工作中的好经验、好做法,充分发挥典型的示范带动作用,以点带面,全面推进廉政风险防控工作深入开展。进一步对开展廉政风险防控工作的监督检查,组织各部门(单位)开展好自查自纠工作,适时对开展廉政风险防控工作情况进行重点抽查。公司党委将把开展廉政风险防控工作作为落实党风廉政建设责任制的重要任务,纳入党风廉政建设责任制检查考核、领导干部工作目标考核、惩治和预防腐败体系建设检查之中,并将检查考核结果作为干部评价和任用的重要依据。

总之,廉政风险防控工作任务仍然十分繁重。为此,尼尔基公司党委将进一步增强使命感、责任感和紧迫感,以党的十八大精神为指导,发挥"献身、负责、求实"的水利精神,振奋精神,扎实工作,努力开创公司党风廉政建设和反腐败工作新局面,为尼尔基工程运行管理和公司可持续发展做出更大贡献。

(本文写于 2012 年 10 月)

对基层工会工作的一些思考

前不久,中共中央印发了《关于加强社会主义协商民主建设的意见》,召开了党的群团工作会议,这在党的历史上还是第一次。这充分体现了中央对党的群团工作的高度重视,更为我们在新时期做好群团工作指明了前进方向,提供了坚强保障。尼尔基公司工会作为基层工会组织,是密切联系职工群众的前沿阵地,是落实党的群团工作方针政策的先锋队。下面就如何贯彻落实党中央的工作部署和要求,结合笔者多年从事基层工会工作的经验,谈几点认识。

一、基层工会组织的主要职责

工会组织的作用在工会章程、工会法中都给予了明确的阐述。概括起来是八个字:维护、参与、组织、教育。

维护是工会组织的基本职能。工会的所有工作都离不开维护二字。工会组织从诞生那天起,就举起了维护的旗帜。职工自愿结合起来干什么,就是要求工会能代表和维护自身的利益。纵观历史横看世界,无论是过去还是今天,无论是中国还是外国,代表和维护职工的利益都是工会组织的基本职能,离开了这一职能,工会也就失去了存在的意义。构建和谐企业同构建和谐社会紧密相连,一方面构建和谐企业最主要的问题就是要建立协调稳定的劳动关系,另一方面工会的基本职责是维护员工的合法权益,维权实际上就是在消除企业不和谐因素。

参与也是工会组织的重要职能。职工是主人。一个单位职工的主人翁作用发挥得好,就有生机与活力,不论遇到什么困难和问题,都能够予以克服。组织好职工参与单位决策,参与内部管理,就能够使决策更加科学,避免工作失误。

工人阶级是社会劳动的实践者,是社会财富的创造者。工会应该而且必须履行好组织职能,使每位职工都能够正确对待劳动,遵守劳动纪律,努力完成生产任务和工作任务。在具体工作中,要组织职工开展社会主义劳动竞赛,开展群众性的合理化建议、技术革新和技术协作的活动,提高劳动效率和经济效益。

工会组织应充分发挥好教育职能。既要对职工进行思想教育,又要对职工进行业务知识教育,使职工成为有理想、有道德、有文化、有纪律的劳动者。

工会工作是党的群众工作的重要组成部分,工会组织在广泛联系职工群众方面有着独特的优势。一方面,工会有党委、行政的领导和支持,这是工会的政治优势;另一方面,工会又有深深植根于职工群众之中的基层组织网络体系,这是工会的组织优势。发挥好这样两个优势,特别是组织优势,使工会组织植根群众、来自群众,和职工保持着密切联系,想职工所想,急职工所急,办职工想办的事情,为增加凝聚力、向心力,构建和谐环境起到重要作用。

二、如何切实维护职工合法权益

在维权的问题上,基层工会要结合工作实际,开动脑筋,多办实事、办好事。办实事、好事不一定要出台新的政策法规,关键是认真落实党和国家制定的现行政策和法规,把现有的政策用足、用好。具体应研究和协助做好以下工作:

第一,监督执行《劳动法》,研究和协助做好集体合同签订工作,这是保护职工合法权益、建立稳定协调劳动关系的有效机制。水利部要求水利系统各企事业单位都要依法建立这一劳动机制。第二,依据社会保险有关规定,研究和协助建立职工养老保险和医疗保险,把这件关系职工后顾之忧的事情办好。第三,积极做好民主管理,凡是涉及职工切身利益的决策和措施,工会都要从源头上参与,以切实保障职工合法权益。第四,贯彻国务院、水利部关于进一步推行政务公开的意见,通过各种方式、渠道、媒体提高行政事务的透明度。

三、一定要注意处理好几个关系

一是处理好党组织与工会的关系。党组织与工会是领导和被领导关系。工会必须在党组织的领导下开展工作。党组织必须从巩固党的阶级基础、增强党的执政能力、维护中心工作和实现共同目标的高度,重视和支持工会工作。党组织要认真研究工会工作理论,不断改进工作方式,提高领导工会工作的水平。党组织要经常听取工会工作汇报,认真研究解决职工工作中的重大问题,重视加强工会干部队伍建设。要支持工会依照法律和章程独立开展工作,努力为工会创造良好的工作环境。

二是处理好行政与工会的关系。社会主义工会有别于资本主义工会,在社会主义制度条件下的行政工作,单位的集体利益和职工群众的根本利益是一致的,因而工会并不是站在行政领导的对立面上进行维护,而应该是协助式的,同心协力,同舟共济,共同实现好、维护好、发展好职工群众的根本利益和具体利益。因此,我们所说的维护,既要维护国家根本利益,又要维护职工具体利益;既要维护本单位长远利益,又要维护职工眼前利益;既要维护行政工作,又要维护职工合理要求。应该是两个维护的统一,是多方面、全方位的维护。在行政工作考虑国家利益、集体利益、长远利益多一些的时候,可能就会牺牲一部分职工、一个时期的具体利益,这时候工会就要做好职工思想工作,积极支持行政领导的决策,共同维护行政工作。所以,仅仅认为工会是与行政领导唱对台戏的,就是一种片面的认识。同时,行政领导一定要在做出重大决策,特别是涉及职工群众切身利益的时候,及时向工会通报,并认真听取工会的意见和建议。

三是处理好党组织会、行政办公会与职代会的关系。以职代会为基本形式的职工民主管理是实现科学决策的重要途径,是营造单位内部民主和谐氛围的重要手段。因此,党组织会、行政办公会与职代会是相辅相成的关系。按照有关规定,职代会应发挥好以下作用:一是对本单位年度生产经营和工作计划、重大问题、经营管理方向、生产技术革新等重要决策和涉及职工切身利益的问题有知情参与权。二是按照有关法律法规的规定,对集体合同草案、改制方案、福利分配方案、劳动管理制度及其他重要规章制度有审议通过权。三是对执行国家有关法律法规,特别是《劳动法》,职代会有监督权。四是对考核本单位高中级领导干部,向上级推荐劳动模范和先进工作者等,职代会有民主评议、推荐权。

四、具体要在以下五个方面实现工作突破

一是在建功立业方面有新突破。要始终坚持"全心全意依靠工人阶级"的方针,团结动员广大职工投身到本单位改革与发展事业中来,为可持续发展做出贡献。具体要组织职工开展好文明办公、增产节约、建言献策、技术革新和发明创造等竞赛活动,提高劳动生产率和增强经济效益。

二是在维护职工合法权益上有新突破。认真遵守《劳动法》《劳动合同法》,以构建和谐劳动关系为主线,强化工会在维护职工劳动经济权益中的作用和责任。探索平等协商、劳动争议调解等机制,做到主动、依法、科学维权。关注职工的收入分配、休息休假,社会保障、劳动安全卫生,关心困难职工的基本生活保障和基本发展需求,为职工办实事、做好事、解难事。

三是在民主管理上有新的突破。拓宽主动参与、源头参与的途径,积极探索政务公开方式,扩大职工知情权、参与面,增强决策科学性、群众性;引导职工正确对待改革过程中的利益关系调整,通过理性合法的方式表达利益诉求,自觉维护单位形象和社会政治稳定。制定《民主管理制度》,充分发挥好职工代表作用。特别是要加强工会组织在涉及职工切身利益事务中的决策作用。

四是在建设高素质职工队伍上有新突破。要发挥工会自身优势,配合人事部门,认真开展好各层次的岗位培训、职业技能培训。积极组织开展技术比武、劳动竞赛等活动,营造尊重劳动、争当先进的良好氛围。大力弘扬劳模精神,宣传优秀典型和先进事迹,促进单位文化和职工文化建设。积极开展各类健康向上的文体活动,丰富职工业余文化生活,陶冶职工思想道德情操。

五是在工会自身建设上有新突破。工会要及时组建相应工作机构。如民主管理委员会、劳动争议协调委员会、女工委员会、文体协会等。根据机构变化和人员调整,及时调整分工会设置和配备有事业心、责任感的分工会负责人。以工会小组为单位,按身份、年龄等比例推选职工代表,以保证民主管理、民主监督工作的有效开展。要建立工会干部的岗位责任制,做到责、权、利统一。进一步完善民主管理制度、职工代表大会制度及工会的各项组织制度、工作制度,做到各项工作有章可循。

有"为"才有"位"。工会组织的权力说小就小、说大就大,关键是作用能否得到充分发挥。只有充分发挥好工会组织的"四项职能"作用,求真务实,开拓进取,扎实工作,工会自然就会有其他组织所不可替代的作用,也就会具有不可替代的重要地位。

(本文写于 2014 年 11 月)

如何做好基层党支部书记工作

为了减少领导干部指数,达到精简高效的目的,往往基层单位的党支部书记要由行政领导兼任。一般地说,行政领导侧重抓的是物质文明建设,党务干部侧重抓的是精神文明建设,工作侧重点不同。但是,行政工作是以经济建设为中心,党务工作也是以经济建设为中心,二者的工作目标是一致的。行政干部在抓物质文明建设的同时,要抓精神文明建设;党务干部在抓精神文明建设的时候,也要围绕物质文明建设来进行。作为行政干部兼做党务工作,更容易处理好行政工作与党务工作的关系,避免"各唱各的调""两张皮"现象,从而使基层党务工作紧紧围绕行政工作的重点和难点开展工作,为中心工作服务,多做化解矛盾、理顺情绪、解疑释惑、暖人心鼓士气的工作。

当然,行政干部兼做党务工作,有有利的一面,也有不利的一面。往往会出现行政工作一忙起来,而没有时间和精力做党务工作。这就要求党支部书记要合理安排工作和时间,处理好行政工作与党务工作的关系,把抓党务工作当成主要职责之一,做到两不误、两促进。特别是在市场经济的新形势下,基层党务工作面临着新的挑战,工作的难度很大、困难很多,更要求党支部书记要有更高的素质和工作水平,否则难当重任。

对此,笔者认为应在以下四个方面下功夫:一是要学好马克思主义理论,特别是新时期要学好邓小平理论、"三个代表"重要思想和科学发展观。邓小平理论是改革开放和现代化建设事业的行动指南,系统而深刻地回答了什么是马克思主义、怎样坚持马克思主义,什么是社会主义、怎样建设社会主义等一系列重大问题;"三个代表"重要思想是对马克思主义、毛泽东思想、邓小平理论的发展,是我们党立党之本、执政之基、力量之源,理论深邃,意义深远;科学发展观是马克思主义关于发展的世界观和方法论的集中体现,是我国经济社会发展的重要指导方针,是发展中国特色社会主义必须坚持和贯彻的重大战略思想。二是学好专业知识,并做到一专多能。在新的形势下,在面向21世纪,在迈向知识经济时代,一个领导干部尤其是一个合格的党务工作干部,必须是一专多能的人才;否则,不可能做好本职工作。所以,大家要学习水利知识,学习管理知识、法律知识,学习外语、计算机知识,还要了解掌握国际、国内、本地区的国民经济和社会发展情况,等等。要养成一个愿意学习和善于学习的良好习惯,向书本学,向实践学,向身边人学,活到老学到老。三是廉洁奉公、干净干事。党支部书记是思想政治工作者,是人类灵魂的工程师,自身的形象很重要。特别是支部书记往往不管人、财、物,没有"实权",只有靠自身形象树立威信。廉洁勤政,说话就有人听;不廉洁不勤政,说话就没有人听。身教重于言教,打铁先要自身硬。四是善于调查研究。只有了解和掌握本单位的实际情况,了解和掌握本单位的职工思想脉搏,抓精神文明建设和思想政治工作才能有的放矢。一个合格的党支部书记,应该是善于做调查研究的行家里手。

做基层党支部书记还应注意以下几个问题:一是作为兼职党支部书记不能兼而不职。党支部的"三会一课"、党员发展、职工思想工作等一定要做好。二是要学习好党务工作的一些知识。党支部书记要做好支部工作,首先要把党务工作作为一门专业来学,当作事业来做,埋下头来系统钻研一些必要的基本理论、基本知识。三是要结合实际,开展喜闻乐见的教育活动。在新的时期,党支部活动一定要切合实际,既要有形式,又要有内容,在确保必要内容的前提下,尽可能地采取灵活多样、被群众所喜欢所接受的活动形式,寓教于乐。形式是为内容服务的,必要的形式是必需的。在日本有一位母亲,每天在给儿子装饭盒的时候,都要在白米饭中间加一颗红枣,让儿子在吃饭时总能受到爱国主义教育。我们在重要场合、重大活动时升国旗、唱国歌等,这些说起来都是形式性的东西,但又是必不可少的,搞得好就会收到事半功倍的教育效果。四是要尽可能地了解和掌握职工的思想情况。要经常和群众谈心交心、了解群众疾苦,与群众心心相印。要把职工的意见和建议及时反馈给行政或上级组织,并注意多沟通多商量,促使合理的要求和有积极作用的建议得到落实。五是要尽可能地增强政治鉴别力和政治敏锐性。要多听广播、看报纸、研究文件。遇到复杂情况,要多想一想,审时度势,明辨是非,不盲从。

总之,作为一名兼任的党支部书记,做好行政工作是自己分内之事,一定要努力做好;做好党务工作同样是分内之事,也一定要努力做好。做到两手抓、两手硬,两不误、两促进。特别是要虚功实做,把软任务变成硬指标,在"真"和"实"二字上下功夫,取得两个文明建设双丰收。

(本文写于 2003 年 8 月)

我们是怎样做思想政治工作的

尼尔基水利枢纽是国家"十五"期间重点工程。工程建设历时5年多,广大工程建设者大力发扬"献身、负责、求实"的水利精神,团结一致,顽强拼搏,成功实现了主要建设目标。其中,主坝、左右岸副坝、发电厂房、溢洪道、左右岸灌溉洞(管)及各类辅助工程大部分完工并投入使用。主体工程的单元工程质量评定优良率90%以上,从未发生过质量事故,取得了工程建设进度、质量双丰收。安全生产没有发生重特大安全事故,一般安全事故率也控制在标准范围内。认真采取有效措施抓好环境保护工作,施工环境得到了显著改善。认真执行"四制"等工程建设管理规定,没有发生违法乱纪现象,实现了工程安全、干部安全、资金安全的"三个安全"和工程优质、干部优秀的"双优工程"目标。2004年还被评为全国水利系统"文明工地"。总结经验,取得这些成绩的主要一条:与扎实有效地做好思想政治工作密不可分。具体是做到了"四个紧密结合"。

一、思想政治工作与中心工作紧密结合

思想政治工作脱离中心工作,就是无源之水、无本之木,再好的说教、再好的方式方法也没有任何用途。尼尔基公司的中心工作就是工程建设,任何工作都必须服从服务于工程建设。只有把工程建设搞好了,实现对质量、进度、资金的良好控制,才说明思想政治工作、精神文明建设有了作用。公司成立5年多来,在紧紧抓住中心工作不放松这一点上,是坚定不移的,任何时候、任何情况下,始终把工程建设放在第一位。在可研报告、开工报告未得到国家批复的情况下,一边加紧协调审批工作,一边进行准备工程建设,为主体工程全面开工创造了有利条件。当资金出现困难时,发动干部、职工群策群力,积极做好各方面的协调工作,不辞辛苦地跑贷款,解决了制约工程建设的瓶颈问题。在施工期短、工程进度滞后的情况下,采取增大人力物力财力投入、开展生产大会战、进行物质精神奖励等有力措施,为确保年度计划完成起到了重要作用。

总之,思想政治工作紧紧围绕工程建设这个中心工作,服从服务于工程建设这个中心工作,使尼尔基水利枢纽建设取得了可喜成绩。

二、思想政治工作与管理工作紧密结合

有人认为,市场经济不需要思想政治工作,靠加强管理就可以实现一个单位的正常运行。其实不然,那种一切靠物质金钱刺激、靠行政命令管制、靠规章制度约束,一时间可能达到目的,但这是难以持久的。我们的体会是:只有把思想政治工作与管理工作融会在一起,管理工作才更具有生命力。尼尔基公司这几年根据国家有关方针政策,制定了一系列内部管理制度,包括工程管理、计划管理、财务管理、物资管理、档案管理、行政管理、党务管理、移民管理等方面 50 余项规章制度。这些管理制度的制定和实施,对管好水利枢纽建设,控制工程进度、成本、质量,规范职工行为,提高公司运行效率起到了积极的作用。但是,在实践中我们也深深体会到:公司在工程建设期间,不同于一般性的企业,也不同于一般性的事业单位,又不同于国家机关部门,属于"四不像"单位。这样的单位仅仅靠规章制度严格管理,是不可能达到理想效果的。因此,公司在制定完善各项管理制度、加强执行力度的同时,特别注意做好思想政治工作,做到"真严真爱",口服心也服。特别是在执行管理规定方面,都做到了有理有据,说服教育在先,动之以情、晓之以理,尽管管理得有些严格,但大家都能够心悦诚服地接受。

在与各参建单位的现场协调管理上更具有自己的特点,做到了"三多一快",形成了"三分三合"的良好协作关系。按道理,业主与承包商是合同关系,合同具有法律效力,带有强制性、约束性。但在实际现场施工当中,我们却深深地体会到,合同也不是一成不变的。特别是水利工程施工现场情况复杂,设计变更、方案调整是经常发生的。对于尼尔基水利枢纽工程来说,地处高寒地区,施工期短,有的项目施工工艺、施工强度又属于国内之最,不可预见性的问题经常发生。如果单靠合同去卡,工程建设简直无法进行。因此,尼尔基公司在抓现场管理上,既做到以合同为准绳,要求每位干部熟悉合同,把合同当作"圣经"而不是"字典",做到心中有数,张口就来,又强调要以现场为主,一切为现场服务,遇事"多沟通、多商量、多支持、快决策",这样就把思想政治工作融合到合同管理之中,使现场管理更加科学有效。截至目前,公司组织召开了 100 余次生产协调会议,签订了《质量终身责任状》,出台了《尼尔基水利枢纽先进集体、先进个人评选表彰奖励办法》,与各参建单位开展了多次联谊活动等。这些务实、灵活、有效的思想政治工作,起到了统一认识、增进了解、建

立感情的作用,使呆板、严肃的管理工作更富有活力。因此,尼尔基工程尽管参建单位多,交叉干扰大,施工期短,但全场一盘棋,形成了以业主为核心的"责任上分,思想上合;合同上分,目标上合;利益上分,总体效益上合"的良好氛围。各施工队伍之间团结协作,施工现场井然有序、有条不紊,得到了视察、考察工程建设的部领导和兄弟单位同仁的一致好评。

三、思想政治工作与职工切身利益紧密结合

我们党的宗旨是全心全意为人民服务。我们所有工作的落脚点就是要为群众谋利益、办实事、办好事。我们的体会是:空洞的说教不可能打动职工群众。形式性的东西要有,但必须最终让职工群众获得最大的利益;否则,再好的教育、再好的管理,都不会被职工群众所接受。近 5 年多以来,尼尔基公司领导班子始终没有忘记这一点,始终在抓好中心工作的同时,努力创造条件改善职工的工作、生活条件。

考虑到职工绝大多数长期在工地,公司特别注意把莫旗永久基地建设好,给大家提供一个舒适、安静、优美的工作和生活环境。投资建设了篮球、排球、羽毛球、乒乓球活动场地,健身房、台球室,歌舞场地等活动场所和设施配备齐全。在当地文化主管部门申请增加了凤凰卫视等 5 个电视频道、2 兆加 GPS 的宽带网,以丰富职工业余文化生活。

在严格控制支出的同时,尽可能地为大家创造舒适、方便的生活条件,如搞好生活区绿化美化;每个宿舍都安装上了冷热水两个系统及必要的家具;安装内线电话,便于与远在异地的家人通电话;千方百计办好职工食堂,让大家不仅吃饱还要吃好;组织职工定期进行体检,做好预防地方病等,以保证职工身体健康。在开展保持共产党员先进性教育活动当中,公司还专门针对涉及职工切身利益、群众意见比较集中的问题,如职工住宅产权办理等,进行认真研究并创造条件解决,深受职工们欢迎。

四、思想政治工作与软任务紧密结合

公司在抓好工程建设、管理工作、涉及职工切身利益等硬任务的同时,积极抓好党建工作和精神文明建设活动等软任务,做到了"两手抓、两手都要硬",实现了思想政治工作与软任务的紧密结合。

公司党委在配合行政抓好工程建设管理同时,积极开展党建活动,搞好党的思想建设、组织建设、作风建设。党委所属各基层党支部,抓好"三会一课",开展党内"创先争优"活动,发挥了党支部的战斗堡垒作用和党员先锋模

范作用,涌现出许多感人事迹和许多先进人物。公司纪委积极开展廉洁自律教育活动,认真学习贯彻中纪委、水利部纪检监察会议精神,组织进行廉洁自律专题教育活动,注重从源头上防止滋生腐败。公司党委严格按照党风廉政建设责任制要求,每年年初制订党风廉政建设与反腐败任务分解方案,层层签订《领导干部党风廉政建设责任状》,年终与总结评比一同进行干部廉政建设考核等。截至目前,公司没有发现领导干部违法乱纪现象。

公司党委重视精神文明建设,积极开展各项健康活动,寓教于乐,职工思想道德素质有一定的提高。结合节假日、各类纪念日等,开展了球类比赛、组织联欢会等活动,收到了比较好的教育效果。积极创造条件订阅各类报纸、杂志,把党的主张传达到职工当中。重视新闻宣传工作,积极宣传好国家重点工程,在电视台、公开报刊等新闻媒体发表多篇报道文章,还创办了"尼尔基水利枢纽网站",及时向社会公开报道了工程建设情况,起到了沟通信息、交流经验作用。

由于工程地处少数民族地区,公司注意处理好与地方的关系,能够给予地方支持的就给予支持,能够参与地方的活动就参与,拉近了与地方的关系,增进了民族感情。如莫力达瓦达斡尔族自治旗政府开展的文明卫生城建设活动、建旗45周年庆典活动、少数民族运动会、抗击"非典"募捐活动等,公司都积极组织参与支持。通过参与支持少数民族地区活动,加深了了解,增进了友谊,树立了形象,为工程建设创造了有利的外部环境。

总结尼尔基公司这几年的工作实践,我们深深体会到:思想政治工作一定要从实际出发,必须紧紧围绕中心工作,必须融汇到软、硬两项建设任务当中,才会真正取得实效。

(本文写于 2003 年 11 月)

刍议思想文化阵地建设

与敌人打仗,阵地十分重要。没有一个坚不可摧的阵地,要想取得战斗的胜利,是不可能的事情。这一点不仅在过去的常规战争中表现得很明显,即使在现代高科技战争中也表现得十分突出。远的不说,就以美国等西方国家发动的海湾战争,以及近年来粗暴地推翻南斯拉夫、伊拉克、利比亚政权为例,不远千里能够打赢每一场战争,主要原因之一是把邻海、邻国的军事基地和军事要地作为自己的军事阵地,并利用这些阵地或迅速出动军事飞机,或发射导弹等,使被攻击一方防不胜防。所以,阵地从古至今乃至未来,都是取得战争胜利的重要因素。

在战争上是这样,在意识形态领域,敌我双方对于思想文化阵地的重视和争夺亦是这样。这些年来,我们抓经济建设这一手很硬,很有成绩。抓思想文化阵地建设这一手,我们也经常强调,反复呼吁,并制定实施了一系列方针政策措施。但是,从实践结果来看,并不令人十分满意,这后一手始终没有适应经济发展的要求。"六四"事件、"法轮功"事件的相继出现,以及现实社会出现的坑蒙拐骗、腐化堕落等丑恶现象,就足以说明这一点。究其客观原因,当然是因为时代发生了深刻的变化:我们正处于改革开放的攻坚阶段和发展的关键时期,社会情况发生了复杂而深刻的变化,经济成分和经济利益多样化、社会生活方式多样化、社会组织结构多样化、就业岗位形式多样化等。但是,我们的思想文化建设发展又很不平衡,社区文化、村镇文化、企业文化、校园文化等不但没有加强,反而有所削弱。比如,20 世纪 80 年代初,在长春市红旗街附近有多家电影院(长影、长量、财干、冶金、东勘等),而现在却只有 2010 年新开业的万达影城一家,票价却高得惊人,一般老百姓看一场电影成了奢侈消费。另外,文化馆、图书馆、博物馆、科技馆及各类群众性的活动中心等,与饭店、商场、洗头房、游戏厅等比较,一个呈下降趋势,另一个则迅猛增长。再如,在一个具体的单位里,图书室、阅览室、健身活动室等职工文化活动场所,不仅没有随着经济的增长、人民生活水平的提高而得到加强,相反却因为这样或那样的原因而不断地减少,甚至出现一个几千人的大企业连一个荣誉室、阅览室也没有的现象。此外,一方面文学艺术的粗制滥造,期刊市场鱼龙混杂,另一方面职工群众性的文学创作活动、各种文体活动却在逐年减少。尽管电视、多媒体、网络等文化快餐的迅猛发展,一跃赶上了发达国家水平,但是单一地天天吃快餐,即使再好吃也有吃够的时候。再加上法制建设、管理手段滞后,其负面效应的影响一直是按下葫芦起了瓢。所以,这种单调乏味的思想文化阵地,又如何能适应时代的要求呢? 读一读美国中央情报局的《十条诫命》,美帝国主义亡我之心不死,真的让我们不寒而栗。"法轮功"事件的出现,既是坏事,也是好事,至少提醒我们——国内形势也不容乐观。思想文化阵地绝不是一块真空地带,社会主义思想文化不去占领,资产阶级等腐朽的思想文化必然去占领。

那么,在当今的时代,如何占领和巩固社会主义的思想文化阵地呢? 对于我们一个具体单位又如何守土有责、优化自己的小环境呢? 党的十七届六中全会审议通过的《中共中央关于深化文化体制改革、推动社会主义文化大发展大繁荣若干重大问题的决定》,为我们抓好思想文化阵地建设指明了方向。结合该决定精神,笔者认为要抓好"工程建设"和"非工程建设"两大块。而这两大块又是相辅相成的关系,缺少哪一方面,都不可能使思想文化阵地得到巩固。

"工程建设"是指前面提到的各类文化活动场所的建设。这是我们近年来的薄弱环节。可以这样讲,一手软的问题与这方面有着最直接的关系,甚至可以肯定地说:问题就出现在这里。对于整个社会来讲,一些人总是认为抓经济建设是第一位的,搞经济项目投入都没有钱,还搞什么文化活动场所建设呢? 一个单位亦是这样,如果生产难以维持,职工工资很难保证,还搞什么"软"投入呢? 所以,不仅新的文化活动场所没有建成,老的文化活动场所也没有保住。前几年北京故宫展品被盗,吉林市博物馆大火,损失的文物无法弥补,就是因为利用公共设施搞经营造成的。类似的例子有很多,教训是触目惊心的。

搞好思想文化阵地的"工程建设"的办法只有一个,就是舍得投入。建文化馆、图书馆等需要投入,配备必要的设备需要投入,维持日常的管理也需要投入,没有投入,就谈不上重视"工程建设"。我们也可以这样说,思想文化阵地的"工程建设"投入,是衡量一个单位、一个部门、一个地方领导干部是否重视精神文明建设的尺子。

"非工程建设"是指我们工作的方针政策、方式方法等。应该承认,我们这些年来对于思想文化工作的方针政策是十分明确的;马列主义、毛泽东思想、邓小平理论这面大旗举得相当鲜明;宣传思想工作的"四项任务"完成得也相当出色;"三观""五爱"教育活动紧锣密鼓,开展得也相当普遍;"科教兴国""文化强国"战略的实施,使科技事业有了大发展,教育事业获得了大提高,文化事业取得了大成绩,等等。特别是党的十七届六中全会的召开,提出了关于深化文化体制改革、推动社会主义文化大发展大繁荣一系列方针政策。总之一句话,抓思想文化阵地的"非工程建设"的力度是大的,工作是得力的,成效也是显著的。所以,笔者认为问题不是出现在抓"非工程建设"的力度上,而是出现在我们抓"非工程建设"的方式方法上,是我们工作的方式方法有问题,方法不新,形式呆板,生硬冷,假大空,群众不喜欢,收到的只能是事倍功半的效果。比如,怎样适时更新电视文化快餐,怎样管理好文化活动场所方便群众,怎样吸引群众参与健康文化活动,怎样改变枯燥乏味的灌输教育为寓教于乐等,缺乏百花齐放、推陈出新的工作方式方法。尼尔基公司这些年开展了一些思想文化阵地建设,创办了尼尔基网站、公司办公自动化网、数字家园(刊载各类热门电影、电视剧、知识讲座等),建设了图书阅览室、展览室、台球室、乒乓球室、健身房、篮排球运动场。2012 年按照文化大发展大繁荣新要求,广泛征集提炼出了尼尔基公司精神、职工行为准则,又在办公楼一楼大厅建设了公司"文化广角",更加方便了职工借阅图书杂志。实践证明,这一系列的思想文化阵地建设及活动,提高了干部职工的思想道德情操,促进了工程建设与管理中心工作的健康发展。

开拓新的方式方法,是一件很难的事情,但越难越需要开动脑筋、下功夫认真做好;否则,思想文化阵地就要受到资产阶级腐朽落后思想文化的侵犯。获得行之有效的思想政治工作的方式方法,并不是高不可攀,只要你肯于动脑筋,解除思想包袱和畏难情绪,是完全可以适应新形势需要的。

总之,抓好活动场所的"工程建设"和工作方式方法的"非工程建设",应该是我们当前要做好的重要任务。只有针对这两项薄弱环节,采取有效措施,加大工作力度,社会主义的思想文化阵地才可能得到真正巩固。

(本文写于 2012 年 10 月)

做好政研成果转化工作探讨

思想政治工作是我们党的工作一大优势,不仅在革命战争中发挥了重要作用,而且在社会主义建设时期也发挥了不可替代的作用。特别是在改革开放的三十几年中,人们越来越深刻认识到思想政治工作的科学性所在,越来越深切体会到加强和改善思想政治工作的重大意义,因此各级党组织越来越加强了对这方面的研究,创造了丰富的理论研究成果。但是,笔者观察:思想政治工作研究(以下简称政研)成果多并不一定代表成效大,只有解决好政研工作"最后一公里",真正把政研成果转化为工作实践,才能发挥其应有作用,才能真正适应新时期改革开放需要。

一、现状

思想政治工作是一门科学,它的根本目的是不断提高人的思想政治素质,根本任务是用科学理论武装人。既然思想政治工作是一门科学,其研究成果也就是科研成果。因此,思想政治工作同其他科学领域一样,抓不好研究成果转化,就会使大量的研究工作失去意义。所以,政研成果的转化与应用,是政研工作的一个重要环节。如果抓不好这个环节,就会使前期的研究工作失去意义,甚至造成各种资源的浪费。

现实情况的确如此。我们每年撰写的政研论文、调研报告、典型经验等成果很多,获得优秀成果奖的也很多,政研领域可谓硕果累累。可是,一项研究论文可操作性如何?一篇调研报告的指导作用怎样?一个典型经验又是否具有推广作用?却没有了下文。据统计,发达国家的科技成果转化为生产力的比例一般为60%~70%,有的甚至达到80%,而我国平均只有30%左右,而政研成果转化率更低。仅尼尔基公司而言,从2001年成立政研会以来,平均每年征集论文(成果)10多篇(项),累计124篇(项),但真正用于指导工作的政研成果不到10篇,转化率不到10%。毫不夸张地说,在每年的优秀政研成果中,提交获奖之日,就是完成使命之时。

毛泽东同志曾经说过:"如果有了正确的理论,只是把它空谈一阵,束之高阁,并不实行,那么这种理论再好也是没有意义的!"所以,如何尽快提高政研成果转化率,真正使这个有效手段在促进本单位和谐建设、调动群众积极性创造性中发挥重要作用,应该成为各级党组织特别是各级领导干部的重要职责。

二、成因

究其原因不外乎有这样几点:一是认识问题。总认为政研成果不同于自然科学研究成果,自然科学研究成果可以很直观地带来经济效益。而政研成果主要作用于人的因素当中,往往是潜移默化、润物无声,不容易产生直观经济效益。说白了还是对思想政治工作的认识问题。总是把思想政治工作看成是软任务,可做可不做,说起来重要,做起来次要,忙起来不要。二是客观问题。由于思想政治工作涉及面广、政策性强,具有区别于其他工作的独特规律。同时,我国又处于经济社会转型期,社会大发展大变革,人们的思想活动呈现多样性,给政研工作带来诸多新情况新问题新经验,因此政研成果的转化具有一定的复杂性,使得人们不愿意研究和做好政研成果的转化工作。另外,政研成果质量不高也是转化难的主要原因之一。分析目前获得的政研成果,大部分属于"应景"之作,观点不新、逻辑不强,或缺乏思想性和逻辑性,或没有针对性和普遍性,不适应新形势新变化,难以用于指导工作实际。三是方法问题。政研工作方法简单,缺乏计划性、系统性;政研成果无的放矢,缺乏针对性、超前性。对于绝大多数基层单位来说,政研工作一般是你布置我研究,你召集我参加,不仅思想政治工作与中心工作相脱节,就是政研工作本身的理论与实践也是"两层皮"。四是机制问题。机制不活,工作缺乏规范化、制度化;手段乏力,工作缺少必要的物质上或精神上的奖罚。特别是在工作职责划分上,往往把政研工作归属于政工干部,而忽略了行政干部也是思想政治工作者,一岗双责,政研工作也应属于分内之事。

三、对策

要做好政研成果的转化与应用,笔者认为应从以下几个方面着手:

一是开展深入细致的基础工作。各级党组织(政研会)应着手梳理过去所有政研成果,对一些年来取得的政研成果进行归纳整理、分门别类,建立政研成果数据库。要树立哲学的扬弃观点,去伪存真,实事求是,一分为二,适应新形势新任务需要的予以保留,已经过时或不适应的予以摒除。要按照质量高低、作用大小、轻重缓急,排列推广顺序。对于有些成果没有普遍性,但有一定借鉴意义的,也不要轻易否定,可以单独建库排序。特别要提出的建议是:今后各单位在撰写提交政研论文时,最好是附带推广方案(计划),没有附带推广方案(计划)的不予以评奖,以确保优秀政研成果后续转化工作的有效开展。

二是充分发挥行业主管部门(比如水利部政研会)作用。因为只有通过行业主管部门对优秀成果的评选和认定,才具有权威性、可靠性和指导性。行业主管部门要进一步做好政研成果的实施和立项工作,为基层单位搭建政研成果转化和应用的平台。可以每年召开政研成果工作会议,总结上一阶段政研工作情况,部署下一阶段政研工作计划;制定印发政研课题指南,为基层政研工作提供理论指导和研究方向。也可以召开政研成果推介会,对已经获奖的优秀政研成果予以发布介绍推广,为供求双方提供和创造合作条件与机会。还可以召开经验交流会,定期对已经推广的政研成果进展情况、实施效果进行交流;与会各单位对已经全面推开的政研成果,进行总结经验、查摆问题、分析成因、制定对策,使政研成果推广工作更具有科学性、指导性。要充分利用和发挥广播、电视、报纸、杂志、网络等新闻媒体,把政研成果向社会公开推介,使研究成果潜移默化地深入人心、指导工作。要注意发现和培育典型,深入宣传政研成果转化的好经验、好做法。

三是充分发挥基层党组织(行政相对独立的单位)作用。基层党组织是政研成果转化工作取得实效的关键。绝大多数政研成果源自于基层,最终更要体现于指导基层。基层党组织应当是政研成果转化工作的实践者、受益者,要把转化工作列入议事日程,像抓生产工作一样抓政研成果推广工作。对于承担的政研成果转化任务或是自行开展的项目,一定要做出转化实施方案,成立推广机构,落实专人负责,做到有计划、有组织、有目标、有措施,保证转化工作不流于形式,取得实实在在的成效。当然,对于有些实施起来比较烦琐、牵扯精力,或者不够成熟、需要先行先试的政研成果,其转化工作不能搞一刀切,可以分门别类地进行。对于机构、人员相对比较少的单位,也可以采取走出去、请进来,或联合(合作)方式承担推广项目。

四是建立几个长效机制。政研成果转化工作务虚的较多,必须坚持虚功实做,持之以恒、久久为功。为此,一要建立奖励机制。制定出台《政研成果转化奖励办法》,使政研成果转化工作进一步规范化、制度化,以确保政研成果转化工作长期、有序进行。有可能的话,可以在全行业出台《政研成果转化奖励办法》,也可以在某一单位先行试点再铺开。二要建立经费保障机制。政研经费投入不足,是长期影响思想政治工作特别是政研成果转化工作的普遍现象。为切实解决政研成果转化资金投入问题,各级党组织要把增加政研投入放在优先地位。国家"十二五"科技发展规划提出:未来五年,我国的研发投入将大幅提高,全社会研发经费与国内生产总值的比例要由目前的1.75%提高到2.2%。为此,各单位在制定科研经费预算时,要明确政研经费占科研经费的比例(建议10%左右),而政研成果推广费用至少占政研经费的30%以上。三要建立考核机制。各单位政研成果转化工作,要实行党委统一领导,党政工团共"弹钢琴",建立和完善党政领导干部促进政研成果转化的目标责任考核制度。要将政研成果转化目标分解到所属各部门各单位,进行严格检查和考核,并将考核结果作为衡量干部政绩的重要依据。

总之,我们必须充分认识抓好政研成果转化工作的必要性,要像抓好科研成果转化一样,抓好政研成果的转化和应用,推动政研成果转化为现实生产力。笔者相信,通过共同努力,有针对性地采取得力措施,积极地消除政研成果转化工作中的难点,打通政研工作"最后一公里",新时期思想政治工作一定会得到有效的改进和加强。

(本文写于 2011 年 6 月)

尼尔基着力建设三个文化元素

企业文化,是企业综合实力的体现。优秀的企业文化,可以增强企业的凝聚力和战斗力,提高职工生产积极性和创造性。近年来,尼尔基水利枢纽还贷压力大、工程不能如期竣工验收等问题,造成了工程不能良性运行。面对挑战和考验,公司积极开展各类文化建设活动,文化建设成果丰硕,特别是在打造具有自身特色文化元素方面,取得了较好成效,为公司改革发展提供了精神动力。

一、大力宣传"中国梦·尼尔基梦"

近一个时期以来,在中华大地上空回荡着一个铿锵有力的话题——"中国梦"。这是以习近平总书记为首的党中央对我国经济社会发展总体目标的高度概括,既饱含着对近代以来中国历史的深刻洞悉,又彰显了全国各族人民的共同愿望,为党带领人民开创未来指明了前进方向。"国家好,民族好,大家才会好"。同样,大家好,民族好,国家才会好!所以,实现美丽的中国梦,需要每一个中国人共同为之努力,需要每一个地区、每一个单位实现各自的美丽梦想。

作为嫩江干流上唯一一座控制性工程——尼尔基水利枢纽,在努力实现中国梦的伟大征程当中,如何实现自己的美丽梦想——尼尔基梦,需要全体尼尔基人去认真思考、科学谋划,并为之努力奋斗!

通过广泛学习讨论,大家一致认为"尼尔基梦"就是:实现尼尔基工程良性运行和尼尔基公司可持续发展。再具体一点就是《尼尔基公司长远发展规划》中提出的,"应争取用5年到10年时间,破解资金困难、工程验收等制约公司可持续发展的关键问题,到2020年建成国家一级水管单位"。近期,公司干部职工始终围绕这一目标思考问题、确定任务、制订方案,围绕这一梦想做出决策、制定措施、开展工作。特别是开展党的群众路线教育实践活动以来,公司组织开展"中国梦·尼尔基梦"大讨论活动,达到了振奋精神、凝聚人心、鼓舞士气的作用。

伟大的中国梦，极大地增强了 13 亿人民的民族自信心和自豪感。美丽的"尼尔基梦"，同样激发了尼尔基公司全体员工的工作积极性和创造性。大家认为，实现"尼尔基梦"可能需要三年五年，也可能需要十年二十年。但只要我们心中充满美好希望，自觉与公司同呼吸、共命运，忠实地履行好自己的神圣职责，勇于投身到公司改革与发展中来，以饱满的热情进行学习和工作，以百倍的勇气迎接困难和挑战，就一定能够实现美丽的"尼尔基梦"！

二、着力培育"尼尔基公司精神"

2012 年在全体职工中广泛征集活动，提炼概括出了"尼尔基公司精神"，其表述为"不畏困难，自强不息，团结奋进，勇创辉煌"，象征着全体员工百折不挠、勇往直前的伟大精神。通过广泛学习宣传"尼尔基公司精神"，大家普遍感到：通往成功的道路，从来不会一帆风顺；筑就梦想的征程，总会遇到崎岖坎坷。公司尽管目前存在资金缺口、工程竣工验收未能如期进行等困难，但只要全体员工不畏艰险、勇于担当，努力向上、永不松懈，团结一致、奋发有为，就一定能够战胜任何艰难险阻，取得新的更大的辉煌业绩。

没有文化的单位是没有生命力的单位。"尼尔基公司精神"是公司文化的核心，是公司改革发展的灵魂，是全体员工的精神支柱。大家一致表示，践行"尼尔基公司精神"，不能只是一句口号，不能只是写在纸上、挂在嘴上，而是要落实在行动上。希望通过积极培育"尼尔基公司精神"，增强公司的凝聚力、吸引力和向心力。希望通过大力弘扬"尼尔基公司精神"，使每一位员工都能发挥好主人翁作用，增强广大职工的责任感、使命感和荣誉感，在各自的工作岗位上勤奋学习，刻苦钻研，努力工作。特别是党员干部表示，从自身做起，把思想统一到公司中心工作和工作大局上来，把境界提升到"尼尔基公司精神"上来，团结带领广大职工高质量地完成防汛抗旱、工农业供水、发供电安全等工作任务，为嫩江松花江流域经济社会发展做出新的贡献。

三、自觉遵守《职工行为准则》

《职工行为准则》具体为 6 句话、48 个字，内容为"爱岗敬业、履职尽责，善于学习、精通业务，谦虚谨慎、诚实守信，团结协作、服从大局，勤俭节约、廉洁从业，安全至上、遵章守纪"。

2012 年，水利部印发了水政、水资源、水利工程、农电、水文、勘测设计等行业的从业人员行为准则。公司依据这些准则研究制定了尼尔基公司的《职工行为准则》，明确了职工日常的工作学习、为人处世、遵章守纪等方面的行为准则,有利于弘扬职业道德和执业操守,倡导锐意进取、无私奉献精神,提高主人翁意识,自觉规范自己的言行,杜绝违规行为的发生。

"细节决定成败,小事体现风格"。公司领导班子认为,提高职工的文明素养,塑造公司的良好形象,应体现在每个人的一言一行、一举一动上,从细小问题上讲文明、树形象、做贡献。半年多以来,通过对《职工行为准则》的学习掌握,强化了职工对其准确表述与内涵的认知程度,使广大职工能够对《职工行为准则》说得出口,铭记在心,融入行动,提高了职工主动承担工作责任和修正个人行为的自觉性,职工精神面貌焕然一新。

企业文化是促进企业不断发展壮大的精神动力和无形财富。美丽的"尼尔基梦"就是公司前进的目标和方向,"尼尔基公司精神"就是公司全体员工的精神支柱,《职工行为准则》就是实现美丽的"尼尔基梦"和践行"尼尔基公司精神"的有力保证。今后,我们应大力开展各类文化建设活动,特别是在打造具有自身特色文化元素方面争取更大成效,为公司改革发展提供更强大的正能量。

(本文写于 2012 年 12 月)

年轻人要不断书写人生新篇章

尼尔基公司团委多次受到上级部门和地方政府的表彰。其中,曾被吉林省直机关团工委授予"五四红旗团委"称号,被吉林省授予"青年文明号"称号。这些荣誉的取得,是全体青年职工共同努力的结果。这些年来,广大职工特别是一线青年职工,长年坚守在工程运行管理生产一线,无畏寒暑,尽职尽责。克服了诸多生活困难,有的上有老不能照顾,有的下有小不能呵护,有的适龄青年谈恋爱受到影响等。这些年轻人舍小家顾大家,在平凡的岗位上默默工作,把青春奉献给了水利水电事业。实践证明,尼尔基公司是一个作风过硬的集体,全体青年是富有朝气、富有希望、敢打硬仗的一支队伍!

成绩来之不易,需要我们倍加珍惜。成绩也只能代表过去,需要我们在今后工作中继续努力,创造出更加辉煌的业绩。为此,笔者想谈几点想法,与尼尔基公司青年朋友共勉。

一、大局意识

年轻人是祖国的未来,更是尼尔基公司的未来。一定要站得高一点,看得远一点。要认识高、思想高、境界高。要有大局意识,胸怀全局,想到全部。要着眼当前,思考长远。要有政治鉴别力,眼光敏锐,在大是大非面前,不迷失方向。比如,如何看待尼尔基工程效益问题,如果简单从经济效益来看,自2006年工程建成之后,连续五年"负盈利",作为工程管理单位——尼尔基公司可能是一无是处。但是,我们如果站到国家利益、全局利益,从更高一个层次来看,这些年来工程充分发挥了防洪抗旱、居民用水、生态环境等社会效益,凸显其公益性作用,为流域经济社会发展做出了重要贡献,其成绩可谓巨大。水利工作与民生息息相关,水利工程更要坚持以人为本,"树立一种发展理念,倡导一种价值取向,确立一种实践要求,实现一种目标追求",用实践诠释好水利工作"为谁干""怎么干"的问题。再从部门(单位)角度来说,你们绝大多数身在基层,但要时时处处立足于本部门(单位)、着眼于全公司,自觉做到心系全局、登高望远、统筹兼顾,就一定能在本职岗位上发挥更大作用。如何做到这一点,一是要努力提高马列主义理论水平,努力提高自己的政治理论水平,树立正确的世界观、人生观和价值观;二是要了解和掌握党的路线方针政策,特别是了解和掌握水利方针政策,提高政治鉴别力和敏锐性。

二、勇于创新

年轻人要解放思想,敢闯敢试,敢担风险,勇于承担责任。要"不唯书、不唯上、只唯实",大胆改革,勇于创新。改革就是革命,就是改掉陈腐的不适应发展的环节和做法。没有胆量,没有勇气,就会裹足不前。创新是一个单位发展的灵魂,如果没有创新,一个单位就会原地踏步、停滞不前。年轻人思想活跃,想法新,喜欢标新立异。要发挥这种特长,多想问题,多为领导出主意。不要怕越级,也不要怕谁说什么,只要你动机是好的,出发点是为单位好,久而久之,就会得到别人的理解和支持,自己也会得到锻炼和提高。过去提倡青年要"敢想、敢说、敢干、敢闯、敢革命",现在也不过时,只有做到"五敢",才可能在工作上改革和创新,才会做出更大成绩。

三、要求严格

这里讲的"严格"是年轻人对自己要求要严格。要从小事做起,注意自己的一言一行、一举一动,特别是在利益面前不贪不占,"常思贪欲之害,常怀律己之心"。慎欲、慎独、慎微。在日常生活、工作中的一些"小节"也必须注意。例如,随处乱扔垃圾,坐车不谦让,上班迟到早退,开会打瞌睡,说话口若悬河,衣着不得体,沉湎于酒色,等等。这些都会给个人形象造成不良影响。年轻人遇事要沉着冷静,不冲动,冲动是魔鬼。其实,这些事情看起来不大,但能够反映出一个人的思想修养。小事反映的是外在形象,却体现的是内在人格。但凡品行端正、事业有成的人,平时对自己要求是非常严格的。

四、胸襟宽广

胸襟宽广是一种修养,是一种品格。单位同事之间有了"宽广"就有了和谐与安宁,班子成员之间有了"宽广"就有了理解与团结。"宽广"之人往往洋溢着民主、宽松、和谐、向上的氛围;而器量狭小之人往往潜藏着内在的矛盾与危机。"人是优点和缺点的共生体,合作共事是共优点",只有"共优点,容缺点、避弱点",才能团结身边所有人,共同把事业做好。工作和生活当中,要与邻为善、与邻为伴,"怀爱人之心,谋富人之策,办利人之事",既要团结与自己意见相同的人,又要团结与自己意见相左的人,甚至是反对过自己的人。"能容言是一种智慧,能容事是一种本领"。干事业就是要听得进不同意见,甚至是嘲笑话、挖苦话、刺耳话。当然,"宽广"不是无原则的迁就,不是没有正义感。要像雷锋同志那样"对待同志要像春天般的温暖,对待工作要像夏天一样的火热,对待个人主义要像秋风扫落叶一样,对待敌人要像严冬一样残酷无情"。如果我们做到了"海纳百川,追求卓越;开明睿智,大气谦和",求同、求异、求一、求多,又何愁不能团结好同事,又何愁事业不能成功?

五、勤于学习、善于思考、不断积累

一个人只有勤于学习、善于思考,不断积累经验,才能取得事业成功。一要勤于学习。古人云:"工欲善其事,必先利其器。"年轻人要有厚积薄发的底气。而这"底气",就是古人讲的"器",就是一个人的才学和能力,就是一个人谋大事、敢做事、做成事的"底气"。只有善于学习,具有一定的政治理论水平,熟悉政策法规,精通本行业、本单位的业务技能,才能担当党和人民赋予的重任。"非学无以广才,非学无以明智,非学无以立德",要在书本中与前人对话,在交往中与强者对话,在失败中与智者对话,以此来强化自己的"底气"。现如今,大家应酬时间多,学习时间少,更应该养成善于学习、肯于钻研的好习惯,更应该像鲁迅说的那样:像挤海绵里的水去挤时间学习。作为一名水管单位干部,有成形的技术标准和成功经验可以借鉴,有现成的法律法规和规程规范可以执行,但越是这样,越需要学习新知识新经验,越需要我们开拓创新、有新的突破。特别是发电厂,是公司所属大单位,年轻人比例高,要打造成公司的人才高地,为公司未来发展储备和输送更多、更好的人才。二要善于思考。工作干得好不好,有理论水平问题,也有作风问题。其中,养成一种勤于思考、严谨认真的习惯就十分重要。对于落实每一项上级布置的工作,都应该吃透政策领会精神;对于每一个问题的发生,都应该问一个为什么。人的大脑会越用越灵活,人的思维越锻炼越缜密,久而久之,人就会变得聪明起来,处理问题就会得心应手。古人有言"半日读书,半日思考"。我们在日常生活当中不一定做到这样精准,但至少要多思考、勤思考。思考就是反刍,就是再加工、再创造。只有思考,才能把学到的东西变成自己的东西。只有思考,才能做到去粗取精,去伪存真,由此及彼,由表及里,准确地揭示出事物的本质和规律。三要不断沉淀。"沉淀"就是一种积累。要养成这种良好习惯,日积月累、集腋成裘,才能达到"由量变到质变"的效果。司马光说过"用力多者收功远"。"沉淀"需要勤奋,整天沉湎于吃喝玩乐,怕苦怕累,不可能达到"沉淀"效果。"沉淀"产生悟性,阅历多深,悟性多深。有了悟性,才能对问题有准确判断,解决

问题有有效办法,处理问题有有力措施。尼尔基公司的绝大多数员工是学理工的,笔者建议:大家要在文科知识上多下点功夫。只有能理能文者,才能走得更远。要不断打造一技之长,有一两项别人没有的本领。古人云"家有千金不如一技在身",就是这个道理。

六、做人最重要

青年人在各自工作岗位上的能力如何,业务水平是一个很好的衡量标准,但业务水平一般的人也可能在人生的路上走得很远,这里面就包含着做人的素养。一个人为人处事及其综合素质总会在别人心中形成一个综合印象,这间接地成为其命运向哪个方面转变的重要因素。

习近平总书记曾在中国空间技术研究院同各界优秀青年代表座谈并发表重要讲话。他充分肯定了广大青年在党的领导下为革命、建设、改革事业做出的巨大贡献,同时对全国广大青年提出了殷切期望。特别是习总书记再一次谈到中国梦。中国梦是国家的梦,是民族的梦,是每一个中国人的梦,更是青年的梦。作为尼尔基公司青年,都要有一个"尼尔基梦"——实现尼尔基工程良性运行和尼尔基公司可持续发展。个人的能量是有限的,要想成就"尼尔基梦",必须让个人的正能量产生蝴蝶效应。这就需要尼尔基的年轻人勇于投身到公司改革与发展中来,大力发扬"不畏困难、自强不息、团结奋进、勇创辉煌"的尼尔基公司精神,以饱满的热情进行学习和工作,以百倍的勇气迎接困难和挑战,不断创造工作新业绩和书写人生新篇章!

(本文写于 2014 年 5 月)

以人为本树理念　精益求精筑彩虹

主坝、副坝、溢洪道、水电站、灌溉输水洞,携手并肩,横跨嫩江两岸,挽住一湖清水,在松嫩平原上筑起一道宏伟壮丽的彩虹。

鲜花、彩旗、欢声笑语,交相映衬,在鞭炮和礼花的爆响中,迎来了一个激动人心的时刻——2006 年 7 月 16 日,一个值得纪念的日子。尼尔基水利枢纽首台机组并网发电,标志着经过 5 年建设的尼尔基水利枢纽开始发挥经济和社会效益。

肩负着完善松花江流域防洪体系,提高嫩江防洪能力,保障和促进区域经济发展重任的尼尔基水利枢纽,是国家"十五"计划确定的重点建设项目和国家西部大开发标志性工程。为了建好管好这座嫩江上最大的控制性工程,嫩江尼尔基水利水电有限责任公司始终遵循着一条主线,那就是"坚持以人为本,树立全面协调可持续的科学发展观"。

以人为本,是科学发展观的核心。公司总经理李维科说,结合工作实践,我们深深体会到:什么时候坚持了以人为本,工作就顺利,特别是工程建设管理,只有坚持以人为本,才能搞好工程建设进度、质量和资金控制。

自 2001 年开工以来的建管实践证明,正是由于始终贯穿了以人为本的主线,才实现了工程、干部和资金"三个安全"和工程优质、干部优秀的"双优工程"目标。

以人为本的理念,激励了全体员工的斗志。"三分三合"和"三多一快"的工作机制,体现了强有力的团队精神,确保了主体工程及各类辅助工程大部分如期完工并投入使用。

树立"以人为本"的理念,贯彻科学发展观,就应把一切思考和行动的最终出发点和落脚点放在"人"上。尼尔基公司在枢纽建设管理中依靠这种思维方式,充分发挥"人"的主观能动作用,在艰苦的条件下,奏响了一部雄浑的乐章。

水利工程建设管理是一项系统工程,不仅涉及专业知识面广,科学技术含量高,而且受外部条件制约因素多。5 年来,尼尔基公司在工程建设管理实践中,牢牢抓住与人的因素有直接关系的各个环节,体现了施工计划的强制性、现场服务的及时性、执行合同的严肃性和团结协作的广泛性。

为了保证生产计划不折不扣地完成,他们充分发挥业主的作用,在建设管理中建立了"三分三合"的工作机制,即"责任上分,思想上合;合同上分,目标上合;经济利益上分,总体效益上合",使各参建单位树立大局意识,团结协作,相互配合。5 年来,公司一直坚持每两周召开一次生产协调会,督促生产计划落实,协调解决施工生产中的重大问题。始终做到了"三多一快",即"遇到问题多沟通、多商量、多谅解、快决策",避免了推诿扯皮现象。科学的工作机制体现了预见性和前瞻性,做到了"干一看二准备三",使每个参建人员的主观能动性变为工作的积极性。

为激励全体员工的斗志,尼尔基公司坚持以人为本的理念,开展创建文明工地活动,并加大了施工区环境管理工作力度,努力为广大工程建设者提供舒适的工作生活环境,激励了全体员工的斗志,使广大工程建设者在艰苦的条件下战严寒斗酷暑,舍小家为国家,在大批先进人物的带动下,大大加快了工程进度。

5 年过去了,到目前已累计完成投资 57.4 亿元,主坝、左右岸副坝、发电厂房、溢洪道、左右岸灌溉洞(管)及各类辅助工程大部分完工并投入使用。工程形象面貌良好,工程质量优良,一座完整的枢纽工程展现在世人面前。

以人为本的理念,锤炼了精益求精的敬业精神。内部"三检"制度和"三不放过"的原则,充分发挥了"人"的作用,使主体工程的单元工程质量评定优良率接近 90%。

"百年大计,质量第一"。工程质量是水利工程建设的永恒主题。尽管全面质量管理的制约因素有许多,但公司始终坚持以人为本,把人的因素放在第一位。

在工程建设管理实践中,公司把提高领导的质量意识,作为解决质量问题的关键环节。为明确质量责任,公司与各参建单位的项目经理签订了《质量终身负责制责任状》,并强调"人"在执行制度过程中的能动作用,建立健全质量保证体系。不论是建设单位,还是监理、设计、施工单位,都成立了专门质量管理机构,配备合格的质检人员,横向到底、纵向到边。特别是监理人员实施全方位、全过程的现场管理和质量监督,实行旁站制度,以过程精品,来保证工程精品,充分发挥了"三控制两管理一协调"作用。

同时,建立完善了内部"三检"制度,最大限度地强化了施工一线人员质量管理第一责任人的质量意识和责任意识。对随时发生的质量问题,坚持

"三不放过"的原则,即"问题查不清不放过,问题得不到处理不放过,责任人受不到教育不放过"。此外还建立了"现场办公,集体决定,分责办理,按职会审,依法支付"的管理机制,及时妥善地处理好现场施工问题,为确保工程质量创造了重要条件。

由于紧紧抓住了人这个最活跃的因素,摆正了质量、工期和效益的关系,5年来从未发生过质量事故,取得了工程建设进度、质量双丰收,主体工程的单元工程质量评定优良率接近90%。

以人为本的理念,净化了全体员工的心灵。"两个确保"和"合同双签制"等一系列规章制度的实施,5年来实际支出资金57.4亿元,未发现违纪现象。

为了确保水利枢纽建设管理的资金安全和干部安全,公司提出了"两个确保",即确保工程结算、确保移民投资,明确了资金的使用原则。在准备工程施工当中,由于工程的可研报告和开工报告批复较晚,国家到位资金相对滞后,给工程施工和移民安置带来了许多困难。公司领导及财务人员积极争取贷款,协调地方配套资金,控制非工程建设支出。在资金结算方式上,公司认真执行国家有关政策,建立了由监理、公司各部门、公司领导共同参与的结算复核审签制度,从制度和程序上规范资金的使用。

5年来,公司制定了财务管理、物资管理等一系列内部管理制度,对管好水利枢纽建设,控制工程成本,规范职工行为,提高公司运行效率起到了积极的作用。特别是在保持共产党员先进性教育活动中,积极开展警示教育,认真抓好党风廉政建设。公司建立健全教育、制度、监督并重的惩治和预防腐败体系,并与处级领导干部签订《领导干部党风廉政建设责任状》,与各参建单位签订了《尼尔基水利枢纽廉政建设"十不准"协议书》,实行了"合同双签制",把治理商业贿赂作为防腐倡廉工作重点,以人的能动性保证工作主动性,使工程建设资金得到了良好控制。自开工以来,先后接受了国家发改委、财政部、水利部、财政部驻黑龙江省专员办的审计和稽查,这些单位都对工程资金管理给予了充分肯定。

以人为本的理念,净化了全体员工的心灵。截至目前,工程实际支出资金近57.4亿元。在资金使用过程中,始终坚持用各种财经法规规范人的行为,用制度的严肃性、可靠性,规范和制约了人的可变性,确保工程建设资金使用安全,几年来没有出现截留、挪用、挤占现象,实现了工程安全、干部安全、资金安全的"三个安全"和工程优质、干部优秀的"双优工程"目标。

雄关漫道真如铁,而今迈步从头越。尼尔基水利枢纽首台机组并网发电只是一个新的开始,工程后期建管任务依然繁重。公司将在搞好工程建设收尾工作的同时,抓紧运行管理体制的研究,面对角色和职能的转换,尽快适应从建设管理向运行管理的过渡,使尼尔基公司不断发展壮大。

（本文写于 2006 年 7 月）

为了共同的目标

——尼尔基水利枢纽机电安装纪实

水电站是尼尔基水利枢纽的重要组成部分,而 4 台水轮发电机组则是水电站的心脏。为了使尼尔基水利枢纽尽快发挥效益,尼尔基公司确定了 2006 年 8 月底所有机组全部并网发电的目标。

为了实现这个目标,必须抓住机电安装施工进度和质量两个关键环节。

为了实现这个目标,无论是作为业主的尼尔基公司,还是承担机电安装工作的施工单位和工程监理单位,所有参建人员都付出了艰辛的努力。

一、保工期:全力以赴

尼尔基水电站装有 4 台单机容量为 62.5 兆瓦的水轮发电机组,总装机容量 25 万千瓦。电站接入齐齐哈尔地区拉东 220 千伏变电所,向东北北部电网供电,在系统中主要担负调峰任务。

机电设备招标采购与供货进度控制,是确保机电安装施工工期的先决条件。由于国家实施西部开发战略,全国水利电力工程全面展开,各供货厂家任务饱满,且生产能力不足,这就给机电设备按期供货增加了困难。面对此种情况,尼尔基公司在合理地选择供货设备的基础上,有计划地对供货厂家进行巡检,多次派员到各厂家进行出厂验收、召开生产技术协调会以及协调主机厂家按照合同满足供货要求。如发现封闭母线生产厂家不能如期供货,尼尔基公司立即派人到长江沃特电气公司协调并与其共同编排生产计划。同时,还不失时机地全面出击,签订了电气设备及附属设备供货合同 30 多个,并完成电气金具、厂内照明、电热等多种设备的采购,使机电安装工程供货保障有力。

2004 年是机电安装的高峰年,为了确保机电安装工期,尼尔基公司积极协调设计、监理、供货厂家及安装施工单位,发现问题及时组织相关单位召开生产协调会议,对设备供应、土建施工和机电安装各方面的工作进行协调解决。在施工中出现机电安装与土建施工、金属结构安装与土建施工相互干扰等问题时,果断处理或及时调整施工计划,从整体上掌握了控制施工进度的主动权。

在机电安装施工管理过程中,尼尔基公司宏观上掌握工期总体控制,微观上监督每个施工项目,注重技术钻研,全力协调解决工程中出现的每一个问题,以"工程无小事"的认真态度踏实工作,既保证了工程工期,又确保了质量。2005年4月,一位刚参加工作不久的技术人员在巡视调速系统管路安装现场时,凭着自己几个月以来反复研究水轮机、调速器工作原理和设备管路布置图形成的系统认识,发现水轮机导叶和桨叶两路液压操作油管的连接跟调速器主配压阀的对应关系是颠倒的。提出后引起了各方面的重视,经协调确定了解决方案并及时整改,避免了工期延误和更大浪费。

二、抓质量:一丝不苟

尼尔基水利枢纽的机电安装工作始终将质量放在第一位,即使在工期紧张的情况下也一丝不苟。为了更好地控制安装质量和设备制造质量,尼尔基公司同监理单位及各个监造单位积极联系,发现问题就及时解决,对交货到现场的设备认真检查,如弧门埋件到货后发现不合格,马上督促供货厂家现场处理,保证了供货质量。

在机电安装施工中,公司机电部门组织人员熟悉图纸、审查图纸,同时每日到现场跟随施工,与安装单位共同考虑并及时了解问题,使安装中遇到的问题都能够保质高速地解决。一次,当发现转子吊轴内径小于操作油管滑套外径时,机电部门及时与制造厂和设计单位联系,确定处理方案,使问题得到良好解决,避免了转子无法吊装的设备制造错误。

自2004年3月施工单位进点以来,水电六局尼尔基机电安装项目部在施工过程中,对主要施工项目编制施工工艺卡、设置质量控制点、制订质量检查和检验计划,严格执行"三检制",杜绝不合格产品进入机电安装工序。在定子吊装时,施工单位发现定子吊具起吊孔每组孔距与定子机座起吊孔的每组孔距不一致,机电部门及时协调设计、制造厂与施工单位,共同研究商定将原来的12点起吊改为6点起吊,使定子如期吊装,保证了机电安装的质量。通过质量保证体系的实施及质量管理工作的加强,实现了"工程零质量事故"的目标。

为保证对机电设备安装的质量进行严格控制和监督,小浪底工程咨询有限公司尼尔基工程建设监理部在实施现场验收制度的同时,还通过质量见证的手段进行质量控制。以4号水轮发电机组为例,建立作业项目就有25项,监理要点54条,各类见证点127点。

经过各方努力,首台机组(4 号机)从 2002 年 10 月 6 日管路预埋开始施工,到 2005 年 5 月中旬安装完成并具备了发电条件。之后又一鼓作气,在一年多的时间里,另外三台机组(3、2、1 号机)于 2006 年 8 月 16 日全部安装完成。在 2006 年 7 月 16 日来水达到 207.7 米高程、各项准备工作就绪的情况下,首台机组(4 号机)实现了并网发电。最后一台机组(1 号机)已经通过了初步验收,并于 2006 年 8 月下旬进行最终验收和并网发电。

(本文写于 2006 年 8 月)

谱写水利水电建设新华章

2004年9月15日9时28分,水利部副部长陈雷宣布:"尼尔基水利枢纽工程二期截流成功!"顿时,桀骜不驯的嫩江水又一次顺从人类的意志,从厂房泄洪底孔奔流而过。龙口两侧鞭炮响起,汽笛长鸣,围观的人们挥舞着鲜红的旗帜,欢呼雀跃。这是中国水利水电一局用勤劳和智慧谱写的尼尔基水利枢纽建设新华章。

一、精细管理,工程建设步入快车道

2001年11月8日,江河铁军——水电一局历经150个昼夜,圆满完成了尼尔基水利枢纽一期导流工程,首次嫩江截流成功。2002年4月14日9时37分,水电一局迎来一个庄严的时刻:尼尔基水利枢纽主坝工程正式开工!此时,披红挂彩的100多台大型施工设备,开向施工工地。

水电一局是尼尔基水利枢纽工程建设的主力军,承担着主坝填筑、溢洪道首部等施工任务。水电一局党政领导高度重视尼尔基水利枢纽工程施工,局长姜戌年、党委书记车治中经常深入到尼尔基工地,为职工加油鼓劲。他们选派副局长刘万海任项目经理,组织三、六分局的精兵强将决战主坝,第一工程处鏖战溢洪道和右副坝,四分局、五处、基础处理分局全力配合工程施工。刘万海合理配置施工资源,建立健全各项规章制度,从容指挥水电一局作战,所向披靡,取得了一个又一个胜利。2003年10月5日,大坝提前10天填筑到205米高程;2004年8月15日,又提前两个半月完成年度施工计划。

在尼尔基水利枢纽工地,六分局项目经理李伟深情地回忆起水电一局一个个团结协作的感人故事。2003年7月28日深夜,咆哮的嫩江水疯狂地撕开了大坝下游左岸河堤,洪水咆哮着涌向左岸千里沃野、万顷良田。汛情就是命令,六分局的防汛将士第一批赶到现场,与洪水展开了殊死搏斗。风雨中,三分局的职工赶过来了,五处的工人跑过来了。大家搬运物料,扛的扛,抬的抬,机械的轰鸣声和人们的叫喊声交织在一起,奏响了一曲抗击洪水保卫家园的壮歌。在尼尔基水利枢纽工地,大家目标一致,心往一处想,劲往一处使。

工作上分,目标上合;责任上分,信誉上合。短短的 2 年多,水电一局人搬走一座座山,筑起一道道坝,树起一座座丰碑。完成坝体沙砾石填筑 417 万立方米,堆石填筑 41.5 万立方米,碾压式沥青混凝土 2.66 万立方米。

尼尔基主坝填筑司机们都认真地保存着施工小票,现场施工员少签一个票,他们就急了,因为小票就是效益。六分局项目部领导介绍,实行运输签证制度,施工小票分为 3 联,采石厂装车保存一联,现场施工员和司机各保存一联,一天一汇总,及时反馈开挖量和填筑量,杜绝了少拉多得和中途弃渣的现象,有效地降低了施工成本,提高了职工的生产积极性。

在三分局尼尔基项目部,人人都是管家,自卸车易损件要到尼尔基镇里加工,节约了资金,也节省了时间。物资采购人员购买材料时挨家看、货比货,做到了货真价实,物美价廉。在一些工器具使用上以旧换新、废物利用,真正做到了精打细算。

水电一局尼尔基项目部把科学管理作为施工的一根红线,本着"施工方案科学、施工布置合理、施工工序紧凑、施工工艺先进"的原则,在确保总工期的前提下,对主坝工程施工进度实行动态管理。科学周密制订施工计划,通过周计划、月计划的实施,来保证年度计划的完成。采取每周总结检查、每月评比的办法,建立施工进度奖罚制度。他们还针对重点部位和关键项目,采用工期奖的办法,定项目、定工期、定负责人、定奖罚标准,认真考核,及时兑现,使得各项目工期节节提前,从而确保了总工期提前 2 个月。

二、科技先行,破解道道难题

副总工程师兼主坝项目部副经理杨树忠积极组织科技攻关,大胆应用新技术和新工艺,为破解工程难题奠定了基础。

工程设计单位水利部东北勘测设计研究院,独具匠心地采用沥青混凝土心墙沙砾石筑坝技术,这在我国北方尚属首次,在国内是第二次。水电一局与北京振冲公司密切配合,大胆试验,掌握了科学的施工数据,采用先进的施工设备,为攻克施工中的技术难题提供了可靠的保证。

尼尔基四季风沙大,还有沙尘暴出现,水电一局项目部副经理杨树忠与六分局项目经理李伟等潜心研究,查阅了大量的技术资料,反复琢磨,制订了一套可行的施工技术方案。在沥青混凝土心墙施工中,从碱性骨料的生产配比拌和、温度控制到出仓运输;从机械摊铺的层面除尘、轴线定位到碾压,都严格控制,认真采用无损检测和钻孔取样检测孔隙率及渗透系数,保证了施工质量和施工进度。

尼尔基水利枢纽左岸灌溉管闸门井为等截面井筒式钢筋混凝土结构,井筒高23.9米。六分局项目部副经理谷春光与技术人员积极采用滑框倒模工艺施工。滑框倒模工艺具有滑模连续施工、上升速度快的优点,克服了滑模施工易拉裂表面混凝土、停滑不够方便、调偏不易控制等缺点,降低了工程成本,加快了施工进度。

溢洪道控制段混凝土闸墩锚束施工技术,受到浇筑仓面大、混凝土入仓强度高、对波纹管等埋件冲击力大等不利因素的影响。水电一局局长助理、一处处长刘春和组织技术人员,优化施工方案,详细安排施工进度,将月计划细化到每一天、每一小时。在锚束波纹管安装中,先将锚垫板按照预定的位置固定在模板上,通过门机吊装模板一次到位,缩短了锚束工序占用工作面的时间,改善了工人的作业条件。锚束编束时,他们采用定型胎具固定的方式进行钢绞线的定位编制,节约了材料用量。受锚束施工现场位置高、穿束、张拉和灌浆施工的限制,他们用托架吊装钢绞线进行穿束,卷扬机辅助牵引入孔,操作平台采用钢排架结构,减少了施工作业人员数量,降低了高空作业危险,发挥了大型机械的高效作用,降低了近20余万元的工程成本,使得施工工期提前16天。

三、确保质量,创建精品工程

在水电一局人的心中,质量高于一切。他们始终认为,建设尼尔基水利枢纽工程是造福人民,功在当代,利在千秋的大事,来不得半点含糊。

质检员张俊超敢于较真。一次在大坝次堆区质量检查中发现块石超粒径,立即让施工人员取出重填。有人劝他:"这不影响施工质量,抬手就过去得了。"他坚决地说:"搞质检就要有鸡蛋里挑骨头的劲头,不放过任何一个疑点。"施工人员犟不过他,只好挖了重填,张俊超这才露出笑容。他们建立健全了质量保证体系,制定了质量保证措施,坚决执行质量三检制,严格按规程规范组织施工。在施工的全过程狠抓责任和措施的落实。把好采购产品的质量关,实行定点采购,以便发生质量问题时追究责任。施工模板采用定型钢组合模板,支撑模板的拉筋靠近模板处采用套橡胶塞。模板拆除,立即用混凝土同标号砂浆抹平,保证混凝土外观质量。模板支立前,测量人员按照施工图纸放出建筑物的结构边线、轴线、高程控制点,并做明显标记,施工人员按测量放点支立模板,模板支立完,由质检及测量人员检查验收合格,通知监理部联合验收。

刘春和把质量视为生命。他告诫施工人员要把好质量关,不能出现豆腐渣工程。他们在溢洪道混凝土浇筑过程中,现场试验室设专人值班,及时按规范及监理工程师要求,检测机口混凝土的均匀性、仓面的气温、混凝土浇筑温度等,并按规范要求取混凝土强度检测试件,认真做好试件的试验工作。工程从开工到现在,质量合格率达到100%,优良品率达到90%以上,得到了业主和监理的一致好评。

四、以人为本,打造人才队伍

水电一局尼尔基项目部以年轻人为主体。副局长兼尼尔基项目经理刘万海重视人才。他说:"没有人,何来一局? 没有年轻人,就无水电一局的未来。年轻人就要多学多用。"在他的鼓励下,尼尔基工地青年职工纷纷参加各种学习。

水电一局一部分年长的职工有丰富的施工经验和技术,他们倾心传授技艺;而年轻的职工,包括项目上的技术员,虚心学习,形成了良好的帮学风气。

碾压沥青混凝土心墙技术,是一种新型的施工技术,在我国,目前只有三峡茅坪溪副坝上用过,但那是在长江流域,气候条件优越。而在尼尔基气候条件恶劣,恰恰这种工艺对风、雨、温度要求极严,施工难度很大。但是,六分局的职工很快掌握了这一新技术,在主坝长达1 370米的心墙施工中,他们以严谨的作风和过硬的技术,使心墙质量完全合乎业主质量标准,使业主确定的2003年尼尔基头号任务提前完成。尼尔基主坝长高了,水电一局也人才辈出。新来的大学生安心工作和学习,通过一线锻炼,使他们积累实践经验,完善自身,快速成长起来。其中,37人已成为生产技术骨干,16人被提拔到中层领导干部岗位。年轻人积极参加专升本函授班和工程硕士研究生班在职后续学历教育,踊跃参加各种培训和社会组织的有关专业考试,积极参与社会竞争。目前,参加专升本函授班19人,硕士研究生班2人,工人被评为技师的有6人,涌现出了全国优秀项目经理刘春和、吉林省省直工委"十大杰出青年"李伟、吉林省职工创新能手郑志刚、水电一局青年岗位能手标兵谷春光等一大批先进人物。在工地创建学习型组织的热潮正在形成,为工程局输送了人才,为后续工程储备了人才。

五、以苦为乐,水电人奉献忠诚

"吃惯了苦,就会忽略了苦,不以苦为苦。"这是水电一局职工的话语。

地处北国的尼尔基水利工地,大自然赋予了它半年的严寒季节。职工来到这里,便开始了艰苦的生活。

——天气,让他们首先尝到第一道苦。尼尔基工地施工有效期仅半年,即每年 4～10 月,但是就在这半年间,天气的恶劣也令职工们承受了"风刀雪剑"的打击。4 月,当职工们入场时,北国的大风刮在脸上,依旧似刀割一般。再好的肌肤,3 天野外工作后,也会变得毛毛糙糙。

——时间,让他们尝到了第二道苦。尼尔基施工期短。夏日,凌晨两点,天已亮了。职工们两班倒,一班 12 小时,加班,是常事。他们没有星期天的概念。六分局项目部副经理梁勇手机 24 小时开机,工地一个电话,立即赶到工地,忙完了,躺在现场的草垫上睡一觉。三分局项目部副经理万福德长年蹲守在工地,指挥生产,人瘦了,脸也黑了。他不辞辛劳地工作,风湿症等疾病上身,却不肯离开工地半步。

——感情,让他们尝到了第三道苦。谁无父母谁无妻? 谁无儿女绕其膝? 2004 年春节过后,梁允辉就准备回工地,临行的那天早上,女儿拽住衣服不撒手,哭着说:"多待几天,我上学时,你就送一次吧!"梁允辉拉着女儿的手说:"等尼尔基大坝建成了,爸爸再好好陪你。"一到工地,他就放下了一切,全身心投入工作。春天离家来,冬日还家去。整整半年啊,只把感情藏在心田,汗水留在工地。

六分局项目部调度员姜红日从大学毕业,一心扑在工地上,风里来,雨里去,渐渐地成为施工骨干,他常说:"我们苦,但我们也有甜,每当我看大坝一天天在加高,心中就感到一种快乐。因为这是我们的成绩啊!"2003 年,尼尔基工地遭遇两大灾难:5 月的"非典",7 月的洪水。"非典"让外面的有关人员进不了工地,原材料紧缺;而洪水淹没了主坝的料场。有效工期短了,合同目标却不能变。唯一的办法就是加大时间、人力、财力的投入。

没有假期,远离父母妻儿,加班加点……所有这一切,他们忍了,受了。他们在艰苦的工作环境中成长起来,成为中国水电建设的精英。

截至 2004 年 8 月 15 日,水电一局提前两个半月完成年度计划。提前 1 个月实现二期截流目标。心墙施工周最高纪录完成 6 层,月最高纪录完成了 25 层。

这些成绩的取得,是与业主单位的科学管理、有效协调分不开的,是与设计单位的精心设计、现场指导分不开的,是与监理单位的严格监理、主动配合分不开的。这些成绩的取得,是与广大职工无私奉献分不开的。

大江东去,逝者如斯。竖立在嫩江岸边的尼尔基大坝就像是一座无言的丰碑,倾注了建设者的心血,展示了建设者的赤诚,寄托着建设者的希望,它昭示了中国水利水电第一工程局的又一丰功伟绩!

（本文写于 2004 年 9 月）

开拓者之歌

——中水六局尼尔基施工纪实

世间顶天立地的是人,风雨飘摇巍然屹立,惊涛骇浪愈见坚贞。

在位于黑龙江省与内蒙古自治区交界嫩江干流上的尼尔基水利枢纽工程,有一支以"开发大西北,造福嫩江两岸人"为使命的队伍。他们有着高度的责任感,有着团结拼搏、势不可挡的意志,有着敢为人先、勇往直前的斗志。在嫩江之畔,他们的精神就像他们的业绩一样,如同一座丰碑树立在人们的心间。这支队伍就是水电六局尼尔基施工局及其所属 4 个项目部。

一

2001 年 8 月 29 日,对中水六局人,尤其是四分局职工来说,是一个难以忘记的日子。这一天,六局中标"尼尔基三大系统工程标"的消息从千里之外传来时,六局人群情激奋、奔走相告、兴奋不已。因为中水六局这几年在激烈的市场竞争中一直是惨淡经营,大部分职工滞留家中,这一次中标 1.771 亿元的工程,重新燃起了六局人的希望之火。带领四分局技术干部,用 15 天时间不分昼夜做标书的四分局总工程师高福强听到中标的喜讯后流下了热泪,这个平时一看到自己分局的下岗职工,心里就难受的山东汉子,压抑的情绪终于得到了释放。一次拿下 1.771 亿元的工程,这是四分局史无前例的。

拿到工程不容易,干好工程更不容易。六局领导班子决定派四分局的精兵强将赶赴尼尔基,只许干好,不许失败,为六局承揽尼尔基后续工程创出信誉。

9 月初,40 名职工肩负着六局五千名职工的厚望,风尘仆仆进入尼尔基镇。

尼尔基水利枢纽工程是国家"十五"计划重点工程项目,也是国家实施西部大开发战略的标志性工程项目之一,具有防洪、工农业供水、发电、航运、环境保护、鱼苇养殖等综合效益。这么重要的工程,不由得使每个参建者感到一种责任和压力。工人们到了工地已是下午 1 点多钟,午饭还没吃,便到工地卸水泥。开始职工们住的是板房和老百姓家的地下室,又冷又潮。可工人们不在乎,他们说,与施工难度相比,生活上的这点苦可以忽略不计。三大系统工程(天然骨料加工系统、人工骨料加工系统、混凝土拌和系统的简称)招标时间比原计划拖延一个月,而合同要求 2002 年 4 月 15 日具备生产混凝土条件。要实现目标谈何容易。一是时间紧;二是过去从未接触过拌和楼安装及混凝土拌和;三是尼尔基地处高寒地区,这里是"五月日落需穿棉""八月(农历)严霜草已枯",一年只有 7 个月的供暖期。9 月 15 日开工,10 月上旬就上冻了,项目部把抢时间争速度放在首位。将工作量精确到每个人,细化到每小时。拌和楼安装是在零下 31 摄氏度的严寒下进行的,吊车的汽路、油路冻了不用火烤没法使用,工人干不到 5 分钟,眉毛、胡子都成了白色。工人们就是在这样恶劣的环境下每天工作十六七个小时。当地老百姓看后都发出这样的感叹:"你们比俺农民还苦啊!"农民累了可以休息,有损失是自家的事。可水电工人不行,他们要对六局父老乡亲负责;要为企业信誉负责;要对将来受益的嫩江两岸人民负责;还要为国家负责。责任重于泰山,心中有这样崇高的目标,还有什么困难能阻挡得了他们呢?

　　2002 年 4 月 15 日,经过六局四分局 200 多名职工 7 个月的苦战。三大系统试运行成功,这可是众多建设大军中第一个实现业主节点工期的队伍。业主、监理对六局给予很高的评价,六局人像过节一样,立起了彩虹门,把锣鼓敲得山摇地动,数十条几米长的鞭炮,同时炸响在嫩江上空。正是这些为前期工程而奋斗的同志们,为企业赢得了信誉,使六局在尼尔基站稳了脚跟,至 2002 年底,六局共拿到尼尔基 5 亿多元的工程,承担着厂房、溢洪道、发电机组安装等主体工程建设。

二

　　生命,原本来自于水,水是生命的第一需求。可是当它肆意泛滥,水又变成了人类的灾难。六局人不会忘记 1998 年发生在嫩江的那场洪水,平日恬静温顺得像个少女的嫩江,那年却像发怒的狮子,咆哮着,在东北平原上肆虐着,我国石油重要产地大庆告急!几百万人口的齐齐哈尔市告急!党中央、国务院的领导亲临嫩江指挥抗洪抢险。两年后,国家把治理嫩江的重任交给了一辈子与水打交道,驯服江河犹如驾驭坐骑的六局人。参加建设嫩江第一座骨干水利枢纽工程,他们知道自己的责任有多重。正是因为心中有这份责任感,才使他们在挑战大自然的同时,也挑战着自我。

　　尼尔基发电厂房是整个枢纽工程的关键线路,土石方开挖被安排在寒冷

的冬季。这里极端最低气温是零下 40.4 摄氏度。冻土多年平均最大深度
2.1 米,冰冻的最大厚度 1.52 米,天冷得呼口气白雾一团,面额、眉毛、头发上
挂着白霜,一不留意,手会被铁器粘掉一块皮来。2002 年 1 月 18 日,在零下
30 摄氏度滴水成冰的日子里,厂房正式开工。工人们个个裹着笨重的棉装,
操起风钻、液压钻,向这冰封的大地宣战。气候恶劣,时间紧迫,图纸不到位,
围堰严重渗水,炸药使用许可证迟迟批不下来……。六局人在尽享中标喜讯
的同时,感受到了泰山压顶般的压力。为保证正常施工抢工期,大家夜以继日
地工作着,厂房开挖很复杂,建基高程面凹凸不平,深井、深沟开挖费时费力。
按设计要求,建基面以上需预留 1 米保护层,单独开挖保护层是正常的,但是
工期不允许。职工们采用了一钻到底的方法,保护层采用光爆,减少药量,效
果同单独开挖保护层一样,从而加快了施工进度。采用围绕围堰底脚设一条
截渗沟的施工方案,基本解决了堰体渗水的难题,得到了高效率的回报。

工期短,任务重,导致开挖浪费较大,厂房项目部精打细算,加强成本控
制,为节约材料,及时出台了承包方案,按定额每开挖 10 万立方米需消耗 80
个液压钻头,实际上只消耗四五十个,工人们用于开挖的 4 台液压钻有两台旋
转式、两台冲击式,用于旋转式钻机的钻头磨损得差不多后,再卸下来安装到
冲击式钻机上。还有炸药、钻杆等消耗都降到了定额以下。

在零下 30 摄氏度气温下开挖是艰难的,尤其是夜间更是苦不堪言,寒风
呼啸,手脚冻得生疼,大雪纷飞,工人们各司其职,机声隆隆,车水马龙,场面十
分壮观。在职工们火一样的工作热情面前,90 厘米厚的坚冰被攻克了,1 米厚
的冻土、三四米厚的砂砾石和 1 米厚的漂石被一车车载走。工地上钻机、反
铲、推土机、出渣车川流不息,呈现出热火朝天的施工景象。开挖才三个月,就
具备了浇筑第一块混凝土的条件,到 6 月底,40 万立方米土石方终于被全部
开挖完,如期实现厂房第一个节点工期——5 月 15 日浇筑第一块混凝土。一
项任务的结束,意味着另一项新任务的开始,而不论是混凝土生产,还是混凝
土浇筑都将是一场恶战在等着六局职工。

尼尔基水利枢纽工程共需要 90 万立方米混凝土,大部分任务集中在
2002 年和 2003 年。承担混凝土生产的六局四分局职工过去连拌和楼上的部
件都不知叫什么,更别说生产了。刚开始拌制混凝土时,不是干了,就是稀了,
因为操作不熟练速度又慢。那些日子,工人和领导个个着急上火,吃不好,睡
不香。因为尼尔基地处高寒地带。生产的混凝土,冬天需加温,夏天需降温,
既不能干,也不能稀,混凝土配合比多达 28 种,水泥就有 4 个品种,有时一座
拌和楼一个班拌制的混凝土就有 6 个配合比。由于配合比多,工人稍一疏忽

就会放错料,操作人员要眼、手、耳并用,眼睛看着屏幕,手在键盘上快速操作,耳朵要专注听铃声,因为混凝土配合比多,拌和楼以铃声为号,一声铃和两声铃是两种配比。这是一般工程中很难遇到的。善于接受挑战的六局人没有被困难所吓倒,他们说:"越是没有接触过的事,没有干过的活,越应该去尝试,并把它干好。"为尽快达到熟练操作,项目部进行全员培训,增强职工质量意识,尽快掌握操作规程。同时备足易损件,缩短检修设备耽误的时间,改变混凝土生产下料程序,大大提高了混凝土拌和速度,混凝土由原来每天拌和几百立方米提高到 2 500 多立方米,全年生产混凝土 16.9 万立方米,满足了生产的需要,受到业主、监理的好评,他们用实际行动再一次向世人证明,六局人是履约守信的,再大的困难也难不倒他们。

5 月 15 日,厂房混凝土浇筑开始。这本是六局人驾轻就熟的一道作业,然而,由于混凝土的供不应求,由于垂直运输设备的不足及人员的配备不够,工程进度和质量都不尽如人意。业主、监理忧心忡忡,六局人自己在反思,在查找原因,制定解决的办法。负责厂房施工的六局二分局局长李国在会上对职工讲:尼尔基是国家重点工程,工程的整个过程都倍受关注,尼尔基工程不能在我们手里干砸了,我们要拿出成绩来,在最短的时间内让业主重新认识六局。尼尔基是六局的半壁江山,同样牵动全局职工的心。工程局局长孙洪水带领人力资源部的领导亲临尼尔基现场办公,当场决定增加厂房垂直运输设备;从全局抽调精兵强将参加厂房施工;增加混凝土拌和楼,改变混凝土生产供不应求的现状。厂房项目部对施工队实行"内部单价,集体承包"的办法,做到"上不封顶,下不保底。"在资源优化配置上改变钢木队和混凝土队分开建制的惯例,将清理、支模、钢筋、混凝土一系列工序合编成 6 支综合队,相对独立承担分部工程的施工,减少了工序交接环节,使责任更具体,更明确。同时实行岗薪制,工资向脏、难、苦、累、险倾斜,做到同岗同酬,多劳多得,还适时地开展了"大干 50 天,浇筑混凝土 5 万立方米"的生产竞赛,9 个突击队长从领导手中接过"突击队"旗帜的时候,发出了"不获全胜,决不收兵"的铮铮誓言,一场攻坚战就此打响。工人两班倒,一天 24 小时不歇气地干,夜餐、午餐送到工地,仓号就是餐厅,各队之间比形象面貌,比完成产值,比安全质量,比材料节约,比文明施工,掀起了争分夺秒抢工期的巨澜,各队之间争先恐后,混凝土日浇筑量由开始的几百立方米,逐渐提高到后来的 2 100 立方米,全年浇筑总量 12.6 万立方米,为年计划 10.8 万立方米的 116.6%,优良率达到 92.5%,令业主、监理刮目相看,连到工地看风景的当地老乡都说:"这些人只干活不休息,是在玩命吧!"他们哪里知道,每个六局人心中都装有"建一流工程,造福嫩江两岸人,为六局创信誉"的信念,每个人都在为实现六局"立足东北,面向全国,主攻西部,走向世界"的战略构想而尽自己所能。

三

《孙子·谋攻篇》中说:"上下同欲者胜。"水电六局尼尔基施工局的决策者们,深知达到上下同心,士气高昂,必须身先士卒,以身作则,才能对部下功其心,励其志,起而效,战而胜。然而,大自然总喜欢用它那强大的力量考验强大的人们,一次次对抗他们的行动,在他们前进的道路上设置重重障碍。但是,在尼尔基水利枢纽建设中,六局的领导者们不仅没有被困难吓倒,反而以其独特的工作方式战胜了困难,从而把自己锻炼得更坚强、更成熟。

戴占强,水电六局总工程师,尼尔基施工局局长,他有白皙的肤色、瘦长的身材。1983年从华北水利水电学院毕业,工作经历可以说是一帆风顺;32岁被评为高级工程师,国内国外工程都干过;成功地组织了十三陵抽水蓄能电站地下厂房预应力锚索施工。2002年,40岁的"戴局"又带领2 000名职工参加尼尔基水利枢纽工程建设。"戴局"上任之时,正值三大系统混凝土供不应求,厂房混凝土浇筑屡屡挨批之时。水泥供货渠道受阻,"戴局"三番五次去火车站、转运站疏通关系。看到局长都出面了,火车站、转运站的领导表示,以后不但水泥在我们这里不会受阻,你们的工人需要买返程火车票我们也帮忙。混凝土供不应求,到底是旧的拌和楼拌和能力下降,还是其他原因?"戴局"为了摸清情况,带领工程部的同志,昼夜跟班,对上料时间、拌和机的运转、放料,运输车辆状况,垂直运输的能力,拿仓号能力及浇筑能力进行全方面的综合记录、考察分析。经过详细的论证,确定是拌和楼不能满足施工的需要,决定在2002年9月增加一台90型混凝土拌和站,2003年增加一台120型拌和楼。这一举措为尼尔基施工局完成混凝土生产计划提供了保证。

2002年,厂房要在5个月完成混凝土浇筑10.8万立方米,时间紧,任务重,人员不够,垂直运输设备不足,"戴局"为了弄清到底需要增加多少人力物力,白天黑夜在工地,有时下半夜两三点钟才回去休息。经过他的严密论证,新增加了两台门机和几台混凝土泵,工程局从其他三个分局抽调精兵强将参加厂房建设,从根本上改变了混凝土浇筑的被动局面。"戴局"精益求精、脚踏实地的工作精神得到各项目部领导的尊重和支持,增加了工程建设团队的凝聚力,同时得到业主、监理、设计的信任和支持。

王学庆,水电六局副局长,原尼尔基施工局局长。从跟踪尼尔基项目,到投标、揭标,到签订合计5亿多元工程量的合同,他尝到了拿到工程的喜悦,同样尝到了少拿或没拿到工程的懊恼和悲伤。这位最早的六局尼尔基枢纽建设的指挥官，更像职工们的老大哥，一家之主心骨。由于常年奔波操劳，52岁的王局长身患高血压、心脏病、颈椎骨质增生等病，每天靠大把大把地吃药来缓解病痛。颈椎病严重时脖子都转不了，头也低不下。即使这样，他仍然带领职工在那片荒芜的平原上建起了一排排新房，把脚跟牢牢地扎在内蒙古尼尔基的黑土地上。由于受各方面因素的影响，一段时间内混凝土生产供不应求，厂房混凝土浇筑进度和质量都不能尽如人意，业主的一位领导曾毫不留情地问王局长：你们到底能不能干？不行就换队伍！从进尼尔基工地就饱尝酸甜苦辣的王局长血脉贲张，他几乎是咬着牙说道：我们能干，而且一定能干好！

这是六局在尼尔基工地至关重要的一关。它的成败与否，直接关系到六局在尼尔基的声誉，直接影响六局立足尼尔基、纵横发展的战略目标能否实现。尼尔基是倍受水利部、黑龙江省、内蒙古自治区关注之地，它的意义，绝不是5亿多元的工程量所能涵盖的。只许成功不能失败。由此带来的压力，沉沉地压在王局长一班人的肩上。在一次次生产计划会和质量分析会上，王局长反复强调完成计划的重要性，他说："计划就是法，就是目标，周、旬、月计划务必按期完成。"王局长曾与业主签订了终身质量责任状，他对各项目领导讲，我们要把终身责任变成终身荣誉，而不能成为终身遗憾。为了尼尔基工程建设，王局长付出了心血和汗水。2001年，王局长的独生子结婚，从装修房子，到张罗结婚，他没帮上一点忙，8月26日就是孩子结婚的日子，有多少事等着他去定，可25日，王局长直到晚上才回家。27日一大早又起程回尼尔基，他也深感愧对妻子和儿子，可他说他不能不管尼尔基这个大家。2002年8月，尽管因工作需要王局长调离了他难分难舍的尼尔基，可是尼尔基的职工们仍常思念这位奠定了尼尔基电站建设基础的王局长。

孙保峰，共产党员，工程师，现任水电六局尼尔基施工局机电安装项目部常务副经理，主抓项目部的生产经营工作。1986年，他毕业于武汉水利电力学院，先后参加过太平湾、水丰、察尔森、万家寨、丰满、莲花、尼尔基等大中型水利水电工程的施工建设。在二十多年的长期实践中，他虚心学习、刻苦钻研、不断摸索，由一个普通的专业技术人员，逐步成长为一名工程师、副总工程师，2003年被任命为项目部常务副经理，2004年他又被提拔为机电安装分局副局长。在两年多的管理工作中，他埋头苦干、脚踏实地，领导能力和管理水平日趋成熟。

2004年，机电安装工程全面铺开，成为整个尼尔基水利枢纽的重点项目。枢纽二期导流和机组安装把机电安装项目部推向施工前台，同时面临着来自各方面的压力:资金不足、人员紧张、技术力量薄弱、设备到货不及时,时间紧任务重,重重困难和压力摆在面前,这是对整个项目部,也是对他的考验与鞭策。

为实现 2004 年的奋斗目标,2 月 23 日,他带领着项目部一行 7 人风尘仆仆来到工地,立即投入到紧张的工作中。他们一手抓生产,一手抓生活,为后续人员的到来创造条件,成为整个枢纽第一支进点施工的队伍。

身为一名共产党员,他时时处处严格要求自己,他把践行"三个代表"重要思想放在首位,以牛玉儒、任常霞为榜样,充分发挥共产党员的先锋模范作用,为此他的工作得到了广大职工的拥护和支持。

身为项目部的"当家人",他深知自己责任的重大。工程的每一步进展,都要经过深思熟虑;资金的筹措和使用,每一分钱他都要精打细算;工程管理、财务管理、施工质量、技术措施、安全生产,每一项他都做到细致入微、面面俱到。

为了确保首台机组按时发电,他经过反复考虑后,决定留驻尼尔基进行冬季施工,成为整个尼尔基工地唯一的一支冬季施工队伍。为了调动大家的积极性,他主持召开了动员大会。在会上他做了"战前动员",阐明当前的紧迫形势及此次冬季施工的意义和重要性,他号召全体职工继续发扬机电安装工人不畏艰辛,敢打硬仗的优良传统和作风,打好这场"攻坚战"!

在冬季施工的日日夜夜里,他废寝忘食,时刻关注着工程的每一步进展。为了保证春节前首台机组转子吊装就位,他每天都盯在工地,眼熬红了,人累瘦了,嗓子喊哑了……。定子吊装就位,导水机构安装完成,转子组装焊接完成,定子下线完成,转子吊具运抵工地……整个机电安装工作有条不紊地进行着。就这样,在他和同志们的共同努力下,2005 年 1 月 28 日,尼尔基水利枢纽首台机组圆满吊装就位,提前 9 天达到了节点工期预定目标。

四

如果说水电六局尼尔基施工局的领导们是一面面旗帜,广大职工就是一杆杆标杆,用自己的行动创造出一段段动人的"佳话"。

岳立新,厂房项目部加工厂突击队队长。随着秋季的到来,混凝土浇筑进入了倒计时,负责厂房三、四号机肘管模板安装的岳立新知道他干的形如"烟锅""臂肘"的肘管,难度有多大。监理认为"没有 20 天拿不下来一个"。项目部给加工厂的安装工期是每个肘管 11 天时间。岳立新感到重担如负山戴岳。他知道抢工期不光在拼,还要在工序上做文章、挖潜力。因此,在没有现场放样的条件下,提前将一片片木排架全部加工为成品,并且保证了精确度,又提前运到工地,以形成枕戈待旦之势。8月31日,4号机肘管安装开始,岳立新把11天的工期倒排到每一天,把任务落实到人,三个班各负其责,工序衔接十分紧凑,形成流水作业,连续5天从早晨五点半一直干到晚上十点。从8月31日到9月15日,16天时间完成两个机组的肘管安装,刷新了六局施工史上的纪录。这个公认的难点变为耀眼的亮点,成为令人瞩目的焦点,无论是业主还是监理都拍案称奇。六局人又一次扬眉吐气,引以为豪。

两个肘管的安装,倾注了岳立新的大量心血,他因胃病刚做完手术,在肘管安装期间不敢吃肉,每天靠喝小米粥维持,并且大把大把地吃药。工作又紧又急,他嗓子哑得说不出话,仍时刻盯在工地。对此,工人们说:"工地上飘扬着我们突击队的旗帜。还有我们岳队长这面旗帜,每当大家累得想休息时,看见这两面旗帜,就都毫无怨言地冲锋陷阵"。

李朝清,50多岁,喜欢戴一顶迷彩军帽,微胖的身体总是穿着一身很不起眼的衣服。健谈、开朗的性格使他看上去比实际年龄年轻许多。他是溢洪道项目部机运队队长。1969年到四川安装队工作以后,又到过宽甸转运站、永久设备库、水车、宽甸北市场、丰满、双河,直到如今的尼尔基,从来都没离开起重工种,从开始的班长到今天的队长,始终在生产第一线。在工地,哪里有重、难、苦、险的活儿,哪里就会有李队长身先垂范的身影。他总是和年轻的小伙子摸爬滚打在一起,几十米高也会毫不犹豫地攀上爬下。再过几年就要退休了,蓦然回首,他已经在这个平凡的岗位上走过了三十三个春秋,他感慨万千:咱是工人,辛苦是应该的,拿工资得对得起良心。

石静,六局厂房项目部混凝土女工,个头不高,但很结实,穿一身迷彩服,戴着安全帽,腰间挂着安全带,站在工人堆里,不细看还真辨认不出男女来。石静的性格也很像男的:泼辣、能吃苦。要不,她怎么能成为领导男同胞的兵头将尾呢?

1982年参加工作的石静,被分配当了混凝土工,与她一起分配干这个工种的共有9个女工,可后来,有8个女工改行干其他工作,只有石静还坚守"阵地"。刚参加工作时,她就被分派当了振捣工,50多斤的振捣棒振得她手抖得厉害,连筷子都拿不住,饭碗也端不了,一天累得浑身像散了架,这个在工人面前十分要强的石静,回到家里却直掉眼泪。可是她还是咬牙挺过来了,她说,我就不信,男同志能干的活,我就干不了。三百六十行,行行出状元,我就要干出个模样来,不能让别人说女的就是不行。在师傅的严格要求下,石静很快学会了斜插式、梅花、三角形振捣。干了两年振捣后,她又学会了凿毛、清仓、吊车指挥等。由于她的出色表现，成为混凝土队勤杂班的班长，领着20多个男同胞干清仓号、凿毛、冲洗等活。开始，有的男同志不服气，觉得自己不能输给一个弱女子，可石静不示弱，她提出挑战，要和他个对个地比试比试，看谁切混凝土缝速度快，比的结果是石静取胜。后来，这些男同胞真服了。由于混凝土工种是个累活，石静怀了两次孕，都因工作时没注意流产了，后来竟成为习惯性流产，又怀了两次都没保住。直到1996年她30岁才做了母亲。可是，孩子刚6个月，她就被调到千里之外的山西万家寨工作，不得不忍痛把孩子托付给母亲。这个在工作中要强、能吃苦的女人，却和所有做母亲的一样对孩子牵肠挂肚，吃不香，睡不好，每天下班后，一想起孩子，就要掉眼泪。到万家寨半个月，她的体重由146斤掉到120斤。由于石静及其丈夫都常年在外，孩子不清楚自己的爸妈是谁，见了石静叫阿姨，管爸爸叫叔叔，直到现在上一年级了仍然管看着他长大的姨姨、姨父叫妈妈爸爸。一提起孩子，石静感到很无奈。

现在石静又来到尼尔基工地，担任综合七队修补班班长。她说，她每天工作心情非常舒畅，真的感觉这个工作很好，她说她不求别的，只求自己干的活儿对得起拿到的工资和良心就行。

李淑华，42岁，参加过小浪底、万家寨等5个电站建设，从事吊车司机工作已有10年之久。万家寨的1260门机安装好后，由谁来上机成了难题，男同志不愿上，女同志不敢上，驾驶室离地面35米高，在门机上不自由，责任又大。干工作泼辣的李淑华主动请缨上了门机，并以操作技术稳、准、快而出名。这次尼尔基水利枢纽厂房工地需要1260门机起重工，大家不约而同想到李淑华。虽然已过不惑之年的李淑华上下门机不再那么轻盈方便，可她二话没说又干上了老本行。每次上上下下要爬100多个台阶就够受的了。混凝土只要一开盘，门机就没有闲着的时候，为了少上厕所，少浪费时间，她每天不能像正常人那样想吃什么吃什么，想吃多少吃多少，她要控制食量，控制自己不喝水，不喝汤，早餐吃一个馒头，中午还是一个馒头，有时口渴得像要冒火，尤其是夏天高温，太阳直射在操作平台，周围铁板烤着，闷热的操作室使人透不过气来，但为了工作，她忍了。等下了班回宿舍，她一口气能喝一斤多水。她说："人的一生能干上重点工程，是很幸运的，虽然苦点累点，但值！"

工地上这一面面旗帜鼓舞着职工们的士气，凝聚成一种坚不可摧的力量。六局人用心血和汗水凝成的功绩，滔滔的嫩江水吟唱不衰，巍巍的老山头铭记不忘。

（本文写于2005年11月）

谁持彩练当空舞

——中铁十三局集团坝下交通桥施工侧记

　　2002 年 8 月,一向不为人注目的内蒙古最东端的边陲小镇尼尔基呈现出一条亮丽的风景线——800 多米长的尼尔基水利枢纽工程坝下交通桥。她就像一条银色玉带飞挂嫩江东西两岸,在嫩江水的波光映衬下熠熠生辉、蔚为壮观。家住尼尔基镇的莫力达瓦自治旗人大退休干部巴雅尔先生逢人便说:西部大开发给我们达斡尔人带来了福祉,给我们架起了幸福桥。

　　坝下交通桥设计全长 808.12 米,桥宽 13 米,单孔跨径 40 米,上部结构为预应力混凝土 T 型梁,46 根钻孔桩平均深度在 30 米以上,大部分为国内少见的直径为 2.2 米的超大直径嵌岩桩,嵌岩深度 2.5 米以上,施工难度相当大,而合同工期只有 12 个月。该桥是整个尼尔基水利枢纽工程建设的前期控制性项目,进场所有的机械设备、大宗材料等物资,都要通过这座桥运抵施工区。当时,承担施工的中铁十三局集团第十工程处职工的肩头压着三副重担:一是水利枢纽工程的需要;二是当地尼尔基人民的期盼;三是企业的信誉。

　　面对压力和考验,大桥的建设者们在工程处长窦晓的带领下与困难展开了一场比耐力、比胆魄、比智慧的较量。

　　队伍上场正值雨季,嫩江江面宽达 500 多米,为抢出滩头地段的墩身,他们结合现场实际,采用了进占筑岛法施工方案。先施工右岸墩,为保证过水断面,右岸先进占至 12 号墩位置,预留近 200 米的江面宽度。待右岸墩施工完成并清除筑岛后,再进行左岸进占体和墩身施工。利用围堰筑岛为钻机提供作业平台,在不影响泄洪的前提下,进行基础施工。

　　然而,钻孔桩施工遇到障碍:由于嫩江地下多为砂卵层,钻孔过程中极易发生坍塌,加上花岗岩岩盘过深,第一批上来的旋转钻机每天只能进尺 10 厘米左右,其中,在进行 5 号桩基施工时连号称"东北王"的钻机对地下岩层也无能为力。整个桩基施工比计划进度滞后两个月。

　　为兑现合同工期,大桥项目部下出两招险棋:一是投入 160 万元购进 8 台冲击钻机,并根据桩基地质特点,将锤头改为 7 吨重的重锤,从而使功效提高了 5 倍以上。二是打破常规,坚持冬季施工。

在零下 30 几摄氏度的严寒条件下施工谈何容易,连当地老百姓都感到咋舌,认为不可思议。但他们坚信:办法总比困难多。他们在现场搭设防寒保温棚,用焦炭炉取暖,采取三种办法坚持钻孔桩施工:一是钢护筒内安装 6 个 2 千瓦的电热器,对泥浆加温;二是在孔口搭设挡风墙,安放焦炭炉,烘烤孔口泥浆,使其不发生冻结;三是对无法进行混凝土灌注的冬季成孔,回填砂黏土防止塌孔,待开春后利用冲击反循环作业法进行二次清孔。在作业过程中,安排专人拿着钢钎日夜破冰,最寒冷时用放小炮的办法排除冰层,捞出浮冰坚持施工。

奋战一个严冬,抢回了滞后的工期。

为减轻梁场存梁压力,保证制梁施工持续作业,在架梁施工中,他们打破从一端开挖向另一端推进的传统作业方法,实施中间突破,利用自制龙门吊从最早完工的 6 号、7 号墩向零号台方向架起,前 7 孔完成后采用自制的三维架桥机继续架设安装,争取了施工时间。

他们充分利用既有设备,开展技术创新,使现场制梁、架梁形成工厂化、流水线施工程序,100 天内完成 105 片 40 米跨 T 型梁的预制及架设工作。制梁期间,选用优质的早强水泥,掺入早强剂和减水剂,实行蒸汽养护,边制梁边架梁,最后一片梁从制成到架设只用了 5 天时间。在质量控制上,他们坚持"三服从、五不施工和一票否决"制度,即进度、工作量、计价支付服从工程质量;施工设备不充分不施工,设计图纸没有自审和会审不施工,没有技术交底不施工,试验未达到标准不施工,施工方案和质保措施未确定不施工;坚持质量一票否决权。从而确保大桥的每道工序每种施工材料都处于可控状态。比如,原材料抽检 286 次,混凝土抽检 842 组,其合格率达到 100%。

2003 年 3 月 7 日,在有嫩江尼尔基水利水电有限责任公司、吉林省交通厅、水利部质检总站、小浪底监理公司和东北勘测设计研究院等 18 位领导和专家参加的验收中,尼尔基坝下交通桥以优良率 99.4% 的高分通过验收。

吉林省交通厅的一位领导在评审会上说:我修了 20 多年的桥,像坝下交通桥这样的规模,还有大孔径深嵌岩的施工难题和 5 个月的冬季,能在 12 个月内完成实属罕见,反映了中铁十三局集团的施工实力。

(本文写于 2003 年 3 月)

敢打硬仗的队伍

——尼尔基水利枢纽右岸灌溉洞施工侧记

2003 年 10 月 27 日 12 时 10 分,随着一声沉闷的响声,尼尔基水利枢纽右岸灌溉洞提前 5 天全线贯通。承担灌溉洞施工的中铁十三局集团四公司十处职工欢喜雀跃,庆祝这一胜利的时刻。

尼尔基水利枢纽右岸灌溉洞全长 733.54 米,开挖洞径 4.8 米,衬砌后成洞 3.6 米,总投资 2 000 多万元。该项目的施工难点有两个:一是岩石比较破碎,断层较多,绝大部分为Ⅳ、Ⅴ类围岩;二是洞径小,出渣装运困难,洞内施工难度相当大。

2003 年 2 月中旬,项目经理盛术学率领第一批施工人员到达施工现场,冒着零下三十几摄氏度的严寒开始了进洞前的明挖施工。职工们穿戴着棉帽子、棉手套、棉大衣坚持昼夜施工。风枪冻了,用火烤化了再打;炮眼塌了,他们重新开钻。

当时,灌溉洞出口消力池开挖成了"鬼见愁",深坑里有 2 米多厚的冰,冰下面是冻土和泥岩,常规的风枪和潜孔钻打不进去。45 岁的铁道兵老战士刘文水主动请缨,带领 20 多名突击队员强攻硬上,在动员大会上发出誓言:不能按期进洞,不刮胡子不理发! 20 多名员工以蚂蚁啃骨头的韧劲,抡起大锤用钢钎打眼。有的手冻烂了,有的脚冻肿了,一天只能打进一米多深的炮眼。在极度困难的情况下,不少临时工当了逃兵。然而,统计员刘楚东、工班长陈绍荣和柳应虎带领十几名老职工仍日夜坚守工地,经过 30 天的顽强拼搏,4 月 8 日,出口按计划展开洞内施工。

灌溉洞是业主和监理公认的"烂洞子",有的地段的岩石像豆腐渣似的,见风见水即往下掉;有的地段岩石夹着泥层,随时都有塌落的危险。针对地质情况,他们采取短开挖(每次放炮不超过 2 米)、锚杆加强、紧跟支护、挂网喷浆的施工方法,对每道工序提出技术标准,限定作业时间,现场值班员协调工序衔接和技术指导,做好每个循环作业时间记录,按值班员考核时间,每周兑现一次奖罚。为加快掘进速度,他们从出口和进口两个方向同时开挖,实行洞口口长负责制,加强现场的组织协调。他们根据洞内开挖实际,组建掘进、出渣、清底、喷浆、支护五个作业班组,实行班组责任成本核算,在进度上提前有奖,超时受罚,确保了各施工工序的紧凑有序。

掌子面的支护可以说是特别危险的作业。700多米的洞子,大的塌方发生过两次,小塌方不计其数,但承担支护的两个工班没有畏惧过。5月23日,出口掘进50米左右时发生了大塌方,拱顶部塌落5米多高的大洞,豆腐渣似的碎石噼里啪啦往下掉。处理方案确定后,喷浆班组乘着落石的空隙速喷加固,支护工班冒着生命危险轮班突击,苦战一天两夜制服了塌方。8月30日深夜,进口地段250米处爆破时发生大塌方,1 000多立方米石头把洞子堵得死死的,项目经理盛术学、施工队长王玉策蹲在洞内组织抢险,把食品和饮料送到现场,极大地鼓舞了职工的士气,工班长单军鹏冒着石头随时塌落的危险带领职工支立拱架,及时有效地控制了继续塌方。

作业条件最艰苦的要属装载机司机。出渣时,铲车发动机的尾气加上几台运输车的尾气,呛得人喘不过气来,从洞里出来吐痰都是黑的。在这样的作业环境中,每次工作6小时左右。业主单位一名领导感叹道:这是一支过硬队伍,不仅是铁道建设行业的排头兵,也是我们水电行业的排头兵!

(本文写于2004年8月)

倾心创大业的尼尔基人

2003 年是尼尔基水利枢纽工程建设的高峰年,混凝土浇筑量大,主坝沥青混凝土施工强度、规模均为国内工程之最,电站厂房工程施工场地狭窄、交叉作业多,开挖任务也十分紧张。面对艰巨任务和不利形势,各参建单位经过艰苦努力,发挥领导干部和先进模范人物在工作中的带头作用,圆满完成了2003 年度施工任务。今年 4 月,嫩江尼尔基水利水电有限责任公司对在 2003 年度工程建设中取得突出成绩的集体、个人给予了表彰。他们都是倾心创大业的尼尔基人。

嫩江尼尔基水利水电有限责任公司副总工程师郑沛溟

他毕业于大连理工大学水工专业,身材魁伟,黑脸膛。多年来,长期在施工现场,摸爬滚打,积累了丰富的工程施工管理经验。这次尼尔基水利枢纽工程上马,他担任嫩江尼尔基水利水电有限责任公司副总工程师,主要负责工程现场施工管理。

根据多年工作经验,他从抓机制入手,充分发挥建设管理核心作用,大胆组织,认真管理,建立以业主为核心的“三分三合”机制,使所有工程建设单位形成一个有机整体,团结协作,为建设优质工程目标而努力。

尼尔基水利枢纽地处高寒地区,冬季时间长,雨量相对集中,施工期短,如何利用较短的施工期,他想尽了一切办法。他科学制订施工计划,优化一切人力、物力、财力资源配置,合理安排工期,明确关键线路。他特别强调计划的严肃性,要求计划一旦确定,不论遇到任何困难都应完成,确保了工程进度。每次主持生产调度会议,总是强调整体协调性。他说,水电工程施工是一个系统工程,每一个环节、每一道工序都是整体的一部分,不容许出错。他每天都要到施工现场巡视,晴天一身土,雨天一身泥,发现问题及时召集有关各方研究解决。

他工作认真细致,责任心强,特别是发现质量问题,从不马马虎虎,坚决要求施工单位返工重来。在他的带领下,业主单位现场管理人员各尽其责,工程质量得到了保证。截至目前,单元工程质量全部合格,其中优良率达到91.7%。

他一心扑在工作上,很少顾及自己的小家。在尼尔基工程建设期间,正值女儿中考和高中阶段,没能陪伴女儿一天,落下了无限的遗憾。

小浪底工程咨询有限公司尼尔基工程建设监理部
副总监理工程师李鸿君

2003年尼尔基水利枢纽主体工程进入全面施工阶段,尼尔基工程监理部2003年度的监理任务为83个各类合同(土建、机电),种类较多,加上工程建设地域、工程分标和合同管理方面又进行了较细的分割,更使工作量大大增加。作为主抓技术和合同的尼尔基工程副总监理工程师,李鸿君挑起了大梁,具体负责监理工作。

在2003年度工程开工之初,面对即将到来的施工高峰年,李鸿君未雨绸缪,抽调得力人员,指定外聘的技术专家带领技术部和合同部的全体人员,积极推进监理部的建设和发展。

在日常工作中,他认真审核每一份设计图纸、设计通知单及设计更改通知单,不放过每一个可能影响工程质量与进度的隐患。

监理部相关部门制定了科学的、规范的计量支付程序及格式,并以正式文函发往各承包人执行,加强对工程投资的控制。2003年度,他共审核设计图纸434张、设计更改通知单及通知单127份、给业主和各施工项目部文函288份,审查施工措施等共计43份,向发包人出具工程进度款支付证书(包括预付款证书、完工证书)约130期,另外还处理了合同问题约70项。

据不完全统计,在他们严格把关下,尼尔基水利枢纽已完成建安招标18.02亿元,完成投资10.57亿元,圆满地完成了2003年度工作。

中国水利水电第一工程局副总工程师、尼尔基主坝
项目部副经理杨树忠

尼尔基水利枢纽工程主坝为碾压式沥青混凝土心墙砂砾石坝,坝体全长1 657.31米,最大坝高41.5米,设计分为导流明渠段和非导流明渠段两部分施工。先期施工的非导流明渠段全长1 385.50米。这是水电一局在尼尔基水利枢纽工程施展才华的战场。

在筑坝建设中,杨树忠着力强化施工进度控制,在保总工期的前提下,对主坝工程施工进度实行动态管理,科学周密地制订施工进度计划,建立了周总

结、月评比办法和施工进度奖罚制度,通过周计划和月计划的实施来确保年度计划的完成。他针对重点部位和关键项目采用工期奖励办法,定项目、定工期、定责任人、定奖罚标准,认真考核,及时兑现。主坝坝体填筑自2001年4月开工至2004年8月,共完成坝体砂砾石填筑417万立方米、堆石填筑41.5万立方米、碾压式沥青混凝土2.66万立方米。

在杨树忠和项目部的努力下,主坝工程各年的年度计划均提前或超额完成,各节点工期和施工面貌均按期或提前完成,确保了尼尔基水利枢纽工程安全度汛。2004年8月15日,主坝坝体填筑(非导流明渠段)提前两个半月达到设计高程。2003年,主坝项目部被业主评为先进项目部。

一座雄伟的拦江大坝耸立在嫩江之上,它是一局人在国家西部大开发战略中树起的一座丰碑,它无声地述说着一局人的拼搏和奉献,彰显着一局人的风采。

中国水利水电基础局副局长、尼尔基主坝防渗墙项目部项目经理陈治先

虽然离开工地已经两年多了,可尼尔基工程热火朝天的施工场面和团结协作的施工氛围却在陈治先的脑海里烙下了深深的印记,历久弥新。

尼尔基主坝基础防渗墙总长度1 356米,墙体厚0.8米,最大深度39.75米,按照施工安排,要在4个月完成4万平方米防渗墙,其施工强度之高,在国内少见。与其他单位交叉作业频繁更增加了施工难度。春汛又使一个半月的施工期泡了汤。陈治先说,如果没有业主有效的组织协调和各参建单位的大力配合,在这样的条件下不可能完成施工任务。

为了组织好施工,业主每半个月、监理每一个星期召开一次调度会,施工高峰期时,每天早上8:30都要召开调度会为施工单位解决各种难题。在尼尔基工程建设期间,各施工项目部建立了默契的合作关系,遇到困难时互相支持,互相帮助。陈治先回忆说,工程建设中施工单位之间从没出现过不愉快的事情,这种施工氛围在其他工地不多见,在尼尔基工作的日子舒心、放心。

作为一方"统帅",陈治先的工作作风也给工程建设者留下了深刻的印象。本单位职工说,他10个月没离开过工地,每天在项目部办公室、业主会议室、工地三点一线,全身心地扑在工作上,这样身先士卒的领导,令人心服口服。业主领导说,陈治先率领的水电基础局能打硬仗,善打硬仗,从来不叫苦不叫累,干活不讲条件,这样的队伍我们用着放心。

中国水利水电基础局在尼尔基施工中月成墙面积达到1.47万平方米,防

渗墙接头工艺全部采用拔管新技术,且100%成功,创造了国内水利水电工程防渗墙施工之最。

中国水利水电第六工程局尼尔基三大系统项目部
常务副经理高福强

高福强,中国水利水电第六工程局尼尔基三大系统项目部常务副经理,在尼尔基水利枢纽工地一干就是4年。他所承担的是工程建设最关键最有难度的尼尔基水利枢纽混凝土骨料加工与混凝土拌和工程——三大系统。

尼尔基工程地处严寒地带,每年的施工黄金时间只有短短的6个月,在不足5年的时间内完成所有工程任务,困难可想而知。而混凝土供应则是制约工期的关键。2003年,是工程建设的高峰期,其中浇筑混凝土总量为89.97万立方米。高福强率领水电六局三大系统项目部的建设者们克服重重困难,按照节点工期顺利完成了本职工作,保证了主体混凝土供应。截至2003年底,混凝土已供应100余万立方米,合格率达到100%,优良率为95%以上。由于三大系统项目部全体职工的出色工作,2002~2003年连续两年被水电六局评为"最佳文明工程",项目部2003年被尼尔基水利水电有限责任公司授予"先进项目部"称号。

看着一座座耸立在嫩江江畔雄伟的建筑物,人们的心情无比激动。这一切无不凝聚着中国水利水电第六工程局尼尔基三大系统项目部全体职工所付出的心血,他说。

辽宁省水利水电工程局尼尔基右副坝项目总经理薛天野

辽宁省水利水电工程局承担的尼尔基右副坝项目于2003年4月15日工程开工。在项目经理薛天野的带领下,项目部全体职工克服困难,出色地完成了2003年年度施工任务,单元工程质量合格率为100%,分部工程优良品率达到86%以上,实现了年初制定的质量目标,并且全年无任何安全事故发生。

进场以来,薛天野带领职工克服了自然气候条件恶劣、工期紧、强度大等诸多不利因素,全面管理,使项目部的管理工作连上新台阶。薛天野每天亲自深入施工现场,了解施工中存在的问题,指导前线生产重点环节。晚上,他经常工作到深夜,想办法,定措施,把问题逐一解决。他每周召开生产调度会,合理制订施工计划,特别是组织了多次重大决策会议。在工程进度严重滞后的情况下,薛天野果断地制定了一系列补救措施,把失去的工期抢了回来。他合理增加人力、物力、财力的投入,寻找新料源,保证上坝料供应,并在当年9月掀起大干高潮,提出"大干50天,填筑25万方"的口号,同时与施工队签署生产责任状,建立了奖惩制度等有力措施。

在抓工程建设、管理工作等任务的同时,薛天野不忘抓精神文明建设,多次组织技术干部业务知识培训,带领大家学习"三个代表"重要思想,实现了思想政治工作与精神文明建设的紧密结合。同时他特别注重技术干部的培养,组织了多次技术培训,派专人到优秀企业学习先进施工技术,并在工作中加以推广,确保了年度计划顺利完成。

(本文写于2004年4月)

一名普通的水利工作者

——记尼尔基公司优秀共产党员标兵胡宝军

辽阔富饶的松嫩平原,养育了众多吃苦耐劳的儿女。尼尔基公司就有这样一位共产党员,他立足本岗,勤奋努力,尽职尽责,始终如一地在实际工作中履行自己的入党誓言,坚定不移地把党的章程贯彻到实际工作中,这个人的名字叫胡宝军——一名极其普通的水利工作者。

现年 39 岁的胡宝军,出生于黑龙江省兰西县的一个普通农民家庭。儿时的生活造就了他吃苦耐劳、积极向上、助人为乐的优秀品德。他 2000 年入党,党龄虽不长,但却立下了终身为党为国家做贡献的坚定誓言。正是这样的崇高理想信念和优良品德,为他的工作和生活打下了坚实的基础,成为他所在单位的排头兵、领头雁。

胡宝军 1997 年毕业后,一直在齐齐哈尔市水文局工作。长期的野外工作,更加锻炼了他不怕苦和累的工作作风。2006 年 5 月,尼尔基水利枢纽主体工程全面完工,迅速转入运行期,急需要熟悉本流域水情、技术成熟的技术人员。他得到这一消息后,毅然决然地放弃事业单位"铁饭碗",来到尼尔基公司工作,担任了水库调度处水情科科长。

熟悉这份工作的人都知道,尼尔基水库坝址以上控制流域面积 6.64 万平方千米,占嫩江流域总面积的 22.4%,水文、水量站点多,加之水库地处高寒地区,特别是水文遥测站的设备需要在秋季拆除春季安装。因此,他和同事经常在冰雪天气进行野外作业,有时从一个站点到下一个站点需要行车上百千米,经常吃住在老乡家里,甚至赶不上吃饭时间,就吃几口面包或饼干。长年累月的积累,使他落下了胃病。在 2010 年春季的水情设备维护中,他胃病复发,疼痛难忍,为了赶在春汛之前完成安装任务,他吃药坚持,半个多月奔波于嫩江流域的每个遥测站。要知道,正常身体好的人都很难适应这种恶劣条件,然而胡宝军却硬是挺了过来,令身边的同事钦佩不已。几年来,在嫩江流域密林深处,遍布了他和同事们的足迹。为了能及时把设备恢复通信,春寒料峭,他和同事们经常顶风作业;为了能赶在上冻前及时拆装设备,秋雨霏霏,他和同事们总是冒雨工作。他，就是这样的一个人，一个不计较个人得失，始终把国家利益、集体利益放在最前面的人。

虽然他只是一名普通的共产党员，但他严以律己，高标准、严要求。参加工作十五年来，胡宝军经常利用业余时间，刻苦钻研业务知识。在学习过程中遇到难题，总是虚心请教老同志和身边同事，直到把问题弄懂弄通方肯罢休。为了适应水利工程运行管理需要，他还参加了北京工业大学水工专业学习，并取得了大学本科文凭。他在日常学习当中，认真参加政治理论学习，时刻关心国家大事，始终坚持理论联系实际的学风，用"三个代表"重要思想武装自己头脑，练就自己过硬的政治素质。

他特别注重手下年轻人的培养。在日常工作中，面对技术上的问题，他总能细致入微地给同事们解释清楚，工作上积累的宝贵经验，从不保留，毫不吝惜地传授给年轻人，起到了传帮带作用。交代给下属的工作，要求达到的标准，从来没有妥协过。对待新员工，不但讲究用人之长，还讲究捉人之短，给新员工容错时间，给新员工改正机会。在他的带领下，新员工进步特别快，很快能适应新岗位，并在新岗位成为行家里手。在注重年轻人业务培养的同时，更注重思想品德的培养。他经常与刚毕业的大学生讲：参加工作与在学校学习有很大不同，要成为一名好员工，不仅要具备专业技能和创新能力，而且要有较高的政治素质和思想水平。他教育别人这样自己更是这样，无论是参加党组织开展的创先争优活动，还是参加单位组织的各类学习、竞赛及捐助献爱心等活动，他总是率先垂范，做到了"我是党员我先行"。

胡宝军，作为水利行业一名普普通通的共产党员，在平凡的工作岗位上默默地奉献着，在朴实无华的生命中实现着自己的人生价值。他的工作成绩得到了身边干部群众及组织上的广泛认可，曾先后被评为黑龙江省水文系统抗洪测报模范、黑龙江省水文系统先进工作者、全省十大杰出青年候选人、松辽委及尼尔基公司"优秀共产党员""共产党员标兵"等；曾在全国水利行业职业技能竞赛、水文技术大比武中多次获奖，荣获黑龙江省总工会、省经贸委、省科学技术委员会、省劳动和社会保障厅授予的"创新成果"奖，并荣获"创新能手"称号。

（本文写于 2012 年 7 月）

埋头苦干的年轻人

——记尼尔基发电厂年轻技术人员任鹏

2003 年 7 月 20 日,一位手提行李箱、一脸汗水的小伙子,来到尼尔基公司报到。当时正值尼尔基工程建设高峰期,如火如荼的水利建设事业吸引了他,淳厚朴实的工程建设者们感染了他。他很快就融入了这个集体,埋头苦干,忘我工作,为尼尔基工程建设与管理奉献着青春年华。他就是尼尔基发电厂年轻技术人员——任鹏。

埋头苦干

这个出生于吉林省双辽市一个干部家庭,生活条件比较优越的独生子,却有着一股吃苦耐劳、甘于奉献的好思想好品德。刚参加工作那阵子,工程建设十分紧张,特别是机电安装成为控制工期的"关键线路",制约着整个工程进度。他看在眼里急在心上,主动要求到最紧张的工地一线,到最艰苦的施工环境工作。别人认为又脏又累的活,他却干得一丝不苟,毫无怨言。当时厂房主体土建工程全面展开,面对复杂危险的施工现场,他一点儿都没有退缩,同施工单位的工人一起进行电气管路预埋工作。为了尽可能地熟悉和掌握每个电气埋管的位置和走向,好为今后工程运行管理打下坚实基础,他天天跟班作业,晴天一身汗,雨天一身泥,比施工单位的技术员在现场待的时间还长。由于当时业主现场车辆较少,不能接送往返于驻地和现场之间的人员,他为了时刻关注现场施工情况,经常步行一个多小时到施工场地,有时来不及到食堂吃饭,就随身带点饼干充饥。2004 年 10 月,尼尔基水利枢纽溢洪道土建工作进入收尾,作为枢纽最主要的防洪设备 11 孔弧门液压启闭机刚刚开始安装。由于工作量大,施工单位技术人员不足,且领导要求必须在 2005 年元旦前完成 5 孔弧门安装,以确保春季防汛度汛万无一失。任鹏面对困难没有退缩,他虽然身为业主代表,却主动提出直接参与和帮助施工单位进行安装、调试工作。这一年的冬天格外寒冷,又来得特别的早,10 月 1 日当天就已经飘起了雪花,当时的室外温度已经达到零下 10 摄氏度,并且都是高空作业,任鹏这个 80 后处处干在前面,他的脸和手冻得起了皴开了裂,连施工单位的领导也深受感染。经过一个多月的艰苦努力,终于完成了8台2×2 000千牛溢洪道液压启闭机电缆敷设、安装、调试工作。

2006年7月尼尔基水利枢纽首台机组并网发电后,任鹏带领其他3名同志承担起电厂及枢纽范围内所有电气二次设备的检修维护工作,这在其他电厂是需要40人以上才能承担起来的工作。"浴盆曲线"理论证明,新装机组投运初期故障较多,尤以电气二次设备缺陷居多,检修维护工作量大。任鹏同志作为检修维护专业人员,设备故障就是命令,经常是在晚上睡觉时接到发生缺陷的电话通知,每次都立刻赶往现场处理。尤其在首台机组并网发电试运行前后的几天内,每天早晨5点到达厂房配合调试,一直工作到第二天凌晨1点多,每天只休息几个小时。由于工作需要不能离开电厂现场,新认识的女朋友也只能1个多月才见一次面。参加工程建设的两年多时间里,他主动放弃探亲假、法定假日等80余天;从2006年7月首台机组发电开始有加班记载以来,仅一年半时间累计加班40多天,既不提报酬,又无一点儿怨言。

业务精良

用他自己的话来说,我是一个幸运儿,大学毕业就参加这么大的水利工程建设,干的又是自己所学的电气专业,我必须把握好这个难得机遇,锻炼和提高自己的才干。他是这样说的,更是这样做的。在工程建设中,他以书本为老师,阅读各方面的相关书籍,不断丰富自己的理论知识;以工人师傅为老师,细心观察他们的实际操作,从中汲取工作经验;以实践为老师,从中加深对知识的理解和领会。正因为他有这种勤奋好学和刻苦钻研的精神,使他积累了大量实践经验,提高了发现问题解决问题的能力。

2004年4月,任鹏同志刚参加工作不到一年,在配合施工单位进行200/200/40吨桥式起重机的调试及试运行工作过程中,出现大车行走电机反转故障,且双小车之间切换异常频繁。施工单位的技术人员对此毫无头绪,任鹏同志仔细思考后,找到负责电气的项目经理,提出自己的意见和解决办法,使这两个问题得到了解决,确保了机电安装进度。特别是2006年7月首台机组投运后,仅半年时间处理各种设备缺陷200多处。

他干一个岗位,就精通一方面业务。多岗位的锻炼,也使他积累了更丰富的技术经验和管理经验。参加工作的第二年,他就承担了电气二次专业检修维护工作,很快又担任了尼尔基发电厂电气二次专责工程师,几年后又被聘任为生产技术部副主任、主任等职务。

成绩斐然

一分辛劳一分收获。在检修维护部工作期间,他负责编制技术方案及改造方案 30 余份,其中《尼尔基发电厂黑启动试验方案》《尼尔基发电厂下位机改造方案》分别被公司评为科技进步应用类二等奖,《尼尔基发电厂尼拉线 2251 开关非全相保护改造方案》被公司评为科技进步应用类三等奖。他所提出的各种技术方案不仅解决了生产技术上的相关问题,而且带来了可观的经济效益。其中,他提出消防系统改造避免了 2 台机电消防泵频繁启动,每天可节省厂用电量 1 500 多千瓦时,一年下来可节省厂用电量 50 多万千瓦时,也被公司评为科技进步奖。在生产技术部工作期间,他负责编写(编制)了各类技术方案、试验报告、评价报告、检修规程、三年工作规划、年月工作计划、春秋两季检修项目任务书等 40 多项,其中 4 台机组 A 级检修技术方案,编制工作量大、技术情况复杂,是前所未有的;组织开展了发电厂各类技术培训、反事故演习和安全生产知识竞赛等活动,其中组织职业技能鉴定(上岗证)培训工作,使生产一线人员获得相关专业初、中级技能技术等级证书共计 64 人次。任鹏从参加工作至今,无论是从事生产管理还是技术管理,样样做得很出色,为确保发电厂安全可靠运行、取得较好发电效益起到了重要作用。

由于任鹏同志工作业绩突出,曾被吉林省直机关评为优秀团员,多次被松辽委、尼尔基公司评为优秀共产党员、优秀共产党员标兵、先进个人等。

鲁迅先生曾有一句名言:"我们从古以来,就有埋头苦干的人,有拼命硬干的人,有为民请命的人,有舍身求法的人……这就是中国的脊梁。"任鹏,这个在水利一线埋头苦干、默默奉献的年轻人,可以称得上是水利事业的脊梁!

(本文写于 2012 年 8 月)

后 记

本书所收录的文章,均与尼尔基水利枢纽建设与管理相关,包括党的建设、思想政治工作、先进人物和先进事迹文章。这些文章在一些人眼里可能不值得一读,但我们却十分珍惜。因为这些文章既真实记录了工程建设与管理的一些实践经验,对于从事水利工程建设与管理的同志可能有所启发借鉴,也真实反映了工程建设者们所做出的牺牲奉献,对于弘扬社会主义主旋律具有教育作用。

尼尔基水利枢纽工程是以防洪、城镇生活和工农业供水为主,结合发电,兼顾改善下游航运和水环境,并为松辽流域水资源的优化配置创造条件的大型控制性工程。从 20 世纪 50 年代起,特别是'98 特大洪水之后,在党中央、国务院的亲切关怀下,在水利部和黑龙江省、内蒙古自治区政府的领导下,在几代水利工作者的辛勤努力下,尼尔基水利枢纽于 2000 年 11 月批准立项。"科学管理创精品,团结治水铸丰碑。"尼尔基水利枢纽自 2001 年 6 月开工以来,广大工程建设者大力发扬"献身、负责、求实"的水利精神,团结一致,顽强拼搏,克服了东北地区施工期短、交通不便、施工场地狭窄、交叉作业多、资金拨付不及时、"非典"疫情、2003 年春季洪水等影响,成功实现了大江一期截流、二期截流、下闸蓄水、首台机组发电、主体工程全部完工等节点目标。建成后的尼尔基水利枢纽气势恢宏,蔚为壮观。近 500 平方千米的水面,宽阔无垠,烟波浩渺。壮丽的拦江大坝和壮观的跨江大桥,在蔚蓝的天空和洁白的云朵映衬下风光旖旎,令人叹为观止。特别是在国家有关部门及广大干部职工的精心管理和科学调度下,有效应对了嫩江流域 2007 年、2008 年、2009 年连续三年严重干旱,2013 年超 50 年一遇大洪水等,工程发挥了巨大社会效益。每当想到嫩江流域的人民群众不再受洪水威胁,每当想到嫩江流域的工农业生产和城镇居民饮水不再发生危机,每当人们站在嫩江岸边远眺巍然屹立的尼尔基大坝而感到震撼的时候,无不对尼尔基工程建设的亲历者们啧啧称赞!他们中,有的长期坚守工程建设与管理第一线,不畏寒暑、兢兢业业,舍小家为国家,奉献了自己人生的美好年华。有的上有老不能照顾,有的下有小不能呵护,有的适龄青年谈恋爱受到影响。一次次电话那头传来:"你媳妇要生了,家里没人,可不可以请几天假""孩子发烧很严重,我一个人做饭照顾不过来""你母亲住院了,能不能回来照看照看"……。这群人就是新时代最可爱的人,就是中华民族的脊梁!

水是生命之源、生产之要、生态之基。兴水利、除水害,事关人类生存、经济发展、社会进步,历来是治国安邦的大事。从古人修建郑国渠、都江堰,到今人建成举世瞩目的三峡水利枢纽、南水北调工程,一代代水利人用辛勤汗水浇灌出一个个治水硕果,用不屈不挠的精神铸就一座座水利丰碑。尼尔基水利枢纽的建成并发挥效益,正是新时代水利人的一座不朽丰碑。

我们谨以此书献给那些可亲可敬的水利人。

此外,由于编写者水平有限,书中错误在所难免,恳请广大读者批评指正。

编写委员会
2018 年 5 月 30 日